APERÇU

DE LA

PHYSIQUE CÉLESTE

SERVANT

D'INTRODUCTION AU GRAND OUVRAGE,

Par Pierre BÉRON.

PARIS,

GAUTHIER-VILLARS, IMPRIMEUR-LIBRAIRE

DU BUREAU DES LONGITUDES, DE L'ÉCOLE IMPÉRIALE POLYTECHNIQUE,

SUCCESSEUR DE MALLET-BACHELIER,

Quai des Augustins, 55.

1865

APERÇU

DE LA

PHYSIQUE CÉLESTE

SERVANT

D'INTRODUCTION AU GRAND OUVRAGE,

Par Pierre BÉRON.

PARIS,

GAUTHIER-VILLARS, IMPRIMEUR-LIBRAIRE

DU BUREAU DES LONGITUDES, DE L'ÉCOLE IMPÉRIALE POLYTECHNIQUE,

SUCCESSEUR DE MALLET-BACHELIER,

Quai des Augustins, 55.

1865

PARIS. — IMPRIMERIE DE GAUTHIER-VILLARS,

Rue de Seine-Saint-Germain, 10, près l'Institut.

APERÇU

DE LA

PHYSIQUE CÉLESTE

SERVANT

D'INTRODUCTION AU GRAND OUVRAGE.

Ἀχλὺν δ' αὖ τοι ἀπ' ὀφθαλμῶν ἕλον
Ὄφρ' εὖ γινώσκεις ἢ μέγ Θεὸν, ἢ δε καὶ κτίσιν (1).

J'enlevai aussi le brouillard de tes yeux pour te faire
bien connaître et le Créateur et la création.

§ 1. Au moyen de l'application des lois physiques aux faits astronomiques, il est devenu possible d'en obtenir de nouveaux arrangements qui ont permis de relier les faits entre eux par la loi physique comme causes et effets; car c'est dans de tels arrangements que consiste leur explication, et non dans des arguments logiques puisés dans l'intelligence de l'auteur.

§ 2. Les ouvrages des astronomes ne contiennent de véritable que les descriptions des faits observés, et s'ils ne sont pas quelquefois d'accord, cela résulte des qualités des instruments et de l'état physiologique de l'observateur. Au moyen de la loi newtonienne, il devint possible de subdiviser les corps célestes en étoiles isolées correspondant au Soleil et en étoiles multiples correspondant aux planètes d'un seul et même système. Mais au lieu d'un soleil lumineux entouré de planètes obscures, il y a des planètes lumineuses et le soleil, non pas obscur, mais invisible à cause d'une couche de vapeur opaque qui l'enveloppe.

§ 3. Pendant toute sa vie, après la découverte de la loi de la gravitation, Newton chercha l'origine du mou-

---

(1) Ἄνδρα. (HOMÈRE, *Iliade*)

I.

vement orbiculaire, dont l'un des éléments, la *pesanteur,* lui était connu, mais dont l'autre, qui se réduit à un choc exercé à la masse au moment de son apparition dans l'espace, lui était inconnu. Ne pouvant aucunement parvenir au but, Newton invoqua l'action suprême pour exercer ce choc mystérieux. Laplace ne trouva pas qu'il fût de la dignité d'un physicien d'invoquer l'intervention de l'action suprême, et il admit un chaos de matières en état amorphe, animé d'un mouvement soutenu par une rupture d'équilibre, qui a dû spontanément aboutir enfin à un état d'équilibre pour se répéter en périodes éternelles.

Newton chercha un choc divergent par rapport à la gravitation qui est convergente; Laplace, pour éviter le postulat de Newton, chercha le mouvement orbiculaire dans un mouvement préexistant dans le chaos d'origine inconnue. Ainsi, en employant l'inconnu, Laplace croyait faire avancer la science, et cependant il ne donnait aux faits que des explications puisées dans cet inconnu. Ici nous allons prouver que l'hémisphère boréal de la Terre a un volume et un poids plus grands que l'hémisphère austral, et cette inégalité est la cause physique : 1° des précessions de la Terre et de la Lune; 2° de la nutation de l'axe terrestre qui se produit dans les mêmes périodes que les précessions de la Lune, et 3° des avancements du périgée et du périhélie. Laplace, en soumettant les faits observés aux calculs les plus compliqués, n'est pas parvenu à obtenir pour résultats des périodicités éternelles.

§ 4. Les physiciens modernes sont parvenus à constater l'identité des molécules d'un fluide primitif, qu'ils admettaient infini et équilibré dans l'espace infini. Les fluides impondérables et la pesanteur ont été admis comme résultats des vibrations différentes des molécules homoïdes du fluide, sans qu'on connaisse en quoi consistent ces différences.

§ 5. Aristote a reconnu que tout ce qui est dans l'intelligence se produit dans les organes des sens, de sorte que les six organes des sens sont autant de voies de communication entre les objets du monde et l'intelligence.

J'ai établi qu'à chaque organe de sens correspond un fluide : la lumière correspond aux yeux, le fluide sonore aux oreilles, l'électricité négative aux narines, l'électricité positive à la langue, la chaleur à l'épiderme et le fluide barogène aux filets des muscles.

De ces fluides la lumière incolore, la chaleur et le barogène produisent des sentiments qui ne diffèrent que par leur intensité, pour cette raison que chacun se compose d'éléments d'une seule espèce, tandis qu'il y a sept espèces de sentiments pour les couleurs, les sons, les odeurs et les saveurs, d'où il résulte que dans chacun de ces fluides entrent sept éléments ; et comme les molécules primitives sont d'une seule espèce, ces différences ne peuvent résulter que de leurs densités différentes et de leur sept dimensions, et non pas des vibrations qu'on admettait.

§ 6. **ORIGINE DES ORGANES DES SENS SIMPLES.** Les trois fluides amenés avec les corps ont engendré les organes des sens qui occupent les points de contact : 1° la chaleur est amenée avec les corps à l'épiderme ; 2° l'électricité positive du contact est amenée avec les aliments à la langue, et 3° le barogène ou la masse des corps est amenée par ceux-ci aux filets des muscles.

§ 7. **ORIGINE DES ORGANES DES SENS DOUBLES.** Les trois autres fluides arrivant en ondes sur les deux moitiés du corps ont produit les organes des sens pairs : 1° les ondes de la lumière ont produit les yeux ; 2° les ondes sonores de l'échogène les oreilles, et 3° les ondes de l'électricité négative les narines.

§ 8. **AFFINITÉ ET MOUVEMENT.** Tant que les physiologistes ignoraient que les six espèces de fluides sont la cause physique des organes des sens, ils étaient forcés de faire intervenir une action suprême qui créa les organes des sens pour correspondre aux fluides; ici est devenue superflue une intervention pareille dans la production des corps organisés, sans cependant éviter complétement une telle intervention; car les molécules du fluide primitif se manifestent en deux densités, d'où résulte pour les plus denses la tendance de pénétrer dans l'espace occupé par les moins denses, et c'est précisément cette tendance qui correspond à ce qu'on doit entendre par le mot *affinité*. De plus, pour que les molécules denses viennent en contact avec celles qui sont moins denses, elles doivent obéir à une poussée expansive provenant de leur répulsion mutuelle qui est la cause du *mouvement*.

§ 9. Aucun fait ne se produit au monde que sous les deux conditions suivantes : 1° il faut deux éléments dont chacun se compose de mêmes molécules primitives, mais de densités différentes; 2° pour qu'il y ait *affinité*, chacune des masses des molécules doit exercer une poussée répulsive pour faire *pénétrer* les molécules denses dans les moins denses. Telles sont les données qui conduisent à connaître l'intervention d'une *action suprême*, qui a séparé les molécules du fluide primitif en molécules de densité grande et en molécules de densité moins grande.

1. ACTION SUPRÊME PRODUISANT TOUS LES FAITS DU MONDE.

§ 10. Newton invoqua l'action suprême pour donner le choc à la matière qui apparaît dans l'espace; Aristote et les physiologistes modernes l'invoquent pour créer les individus organisés; les dogmatistes l'invoquent dans la production de chaque fait du monde; Laplace et les autres physiciens modernes, surtout les Français, ne sachant pas pourquoi invoquer une telle action, n'en font aucune mention; pour cette raison, ils paraissaient adversaires des dogmatistes.

L'intervention d'une action suprème déduite de l'affinité et du mouvement, qui sont incontestables, est d'une nécessité absolue, parce que les molécules homoïdes ne pouvaient pas se trouver perpétuellement de densités différentes. La tendance universelle des fluides à se répandre par l'expansion pour obtenir un volume toujours plus grand ne permet pas de méconnaître une action suprème qui consiste :

1° En une division de toutes les molécules équilibrées dans l'espace infini en deux parties inégales $M + M'$ et M;

2° En une compression infinie de chacune de ces deux parties inégales pour obtenir un volume égal, et par suite des densités inégales qui sont la cause immédiate de l'*affinité*.

§ 11. **MODE DE LA PRODUCTION DES FAITS DU MONDE PAR LES MOLÉCULES HOMOIDES**. Dans l'espace infini qu'occupait le fluide primitif, les masses $M + M'$ et M de molécules se trouvèrent réduites en deux volumes égaux par suite d'une compression et d'un rapprochement infini, d'où il résulte que ces masses ont une tendance infinie à augmenter de volume et que les ondes A, B, C,..., provenant du globe de molécules denses, ont une tendance à se rencontrer avec celles de A′, B′, C′,..., provenant du globe des molécules les moins denses. Donc : 1° la rencontre entre les ondes des molécules a sa cause non pas dans une attraction entre elles, mais dans deux poussées expansives centrifuges; 2° le mélange entre les molécules des ondes rencontrées a sa cause dans leurs inégales densités.

II. APPARITION D'UNE TRINITÉ INFINIE PAR UNE UNITÉ INFINIE.

§ 12. La poussée expansive des fluides impondérables et des gaz d'une part, et les mélanges spontanés des éléments dans la production des combinés de l'autre, sont deux causes indispensables dans l'existence du monde : 1° la tendance infinie expansive des molécules primitives leur a été imposée par l'action suprême, qui les a fait se rapprocher infiniment en parcourant l'espace infini; 2° la production de tous les faits n'est que pénétration des molécules homoïdes denses dans l'espace occupé par les moins denses; ces densités inégales ont pour cause toujours l'action suprême qui divisa la quantité totale des molécules infinies, non pas en deux moitiés, mais en deux parties inégalement comprimées, pour que chacune d'elles se trouvât sous un volume égal. En faisant ainsi intervenir l'action suprême comme cause active dans la production des faits cosmiques, nous nous trouvons en accord avec les physiciens et avec les dogmatistes.

Relativement aux faits observés, nous sommes d'accord avec les physiciens : ces faits ne peuvent être produits que par l'affinité entre les éléments et par leur mouvement, produits de l'action suprême qui se manifeste comme une expansion.

Relativement au dogme que tous les faits au monde ont pour cause une action suprême, nous ne différons pas des dogmatistes.

Ce qui paraissait surpasser les limites de l'intelligence humaine était l'apparition d'une *Trinité infinie* par une *Unité infinie*. Ce grand mystère trouva ici son éclaircissement, et ainsi s'opéra l'union entre les dogmatistes et les physiciens.

Pour rendre aux faits la plus grande évidence, il faut distinguer l'infini des molécules primitives avant l'action suprême et après cette action; l'infini après cette action est contenu : 1° en molécules denses; 2° en molécules moins denses, et 3° en mouvement emmagasiné dans ces molécules, qui ont dû parcourir l'espace infini pour se trouver en une compression infinie.

L'*Unité infinie* se trouva représentée dans les molécules équilibrées, comme les physiciens modernes admettaient l'*éther* occupant l'espace infini.

La *Trinité infinie* résulta de ces molécules infinies, non plus équilibrées, mais indéfiniment rapprochées entre elles, et pour cela leur nom devint *électre*.

Avant l'action suprême il y avait *Unité infinie;* de cette action résulta *Trinité infinie*, 1° *molécules denses* ou *pycnoélectre*, 2° *molécules moins denses* ou *aréoélectre* et 3° *mouvement.*

Unité = Éther infini équilibré dans l'espace infini.

$$\text{Trinité physique} = \begin{cases} \text{Pycnoélectre infini en espace limité} \\ \text{Aréoélectre infini en espace limité} \\ \text{Mouvement infini en espace limité} \end{cases} = \text{Trinité dogmatique} = \begin{cases} \text{Père.} \\ \text{Fils.} \\ \text{Esprit.} \end{cases}$$

$$\text{Affinité physique} = \begin{cases} \text{Tendance du pycnoélectre à péné-} \\ \text{trer dans l'aréoélectre.} \end{cases} = \text{Amour paternel.}$$

III. DISTRIBUTION DE L'ESPACE ET MODE DE LA PRODUCTION DES FLUIDES IMPONDÉRABLES ET DES CORPS.

§ 13. Dans le principe tout l'espace infini céleste se trouva vidé, car les molécules du fluide qui s'y trouvaient équilibrées ont été infiniment comprimées pour former deux sphères égales, dont l'une contient les molécules de densité supérieure et pour cela s'appelle *globe dense, pycnoélectrosphère* ou *pycnosphère;* l'autre contient les molécules de densité inférieure et pour cela s'appelle globe moins dense ou *aréosphère.*

Fig. 1.

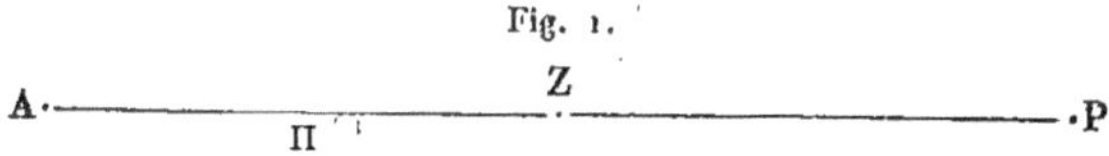

Des deux sphères P et A (*fig.* 1) proviennent les molécules comme de deux sources inépuisables pour se répandre en directions divergentes pendant un temps infini dans l'espace infini. Entre ces deux sphères sont deux espaces qui se distinguent par les propriétés particulières des molécules qui y arrivent des deux sphères.

I. L'*espace central* Z se trouve à égale distance de chacune des deux sphères, et comme les ondes des molécules s'éloignent des sphères avec une égale vitesse, leur rencontre primitive s'opéra dans cet espace central Z.

II. L'*espace stellaire* Π se trouve à des distances inégales AZ — ΠZ et PZ + ΠZ des deux sphères; pour y arriver, les ondes amenant les molécules d'égale densité, il en résulte, de la part des deux sphères, des poussées égales et par suite un état d'équilibre dans cet espace Π.

§ 14. **DIMENSIONS DES ESPACES.** Tous les corps célestes occupent l'espace stellaire Π : cet espace quoique très-vaste est tellement éloigné des deux sphères A et P qu'il ne peut être considéré que comme un point physique. Par suite, les corps célestes sont soutenus dans l'espace stellaire par les molécules *isopycnes* ou d'égale densité, car elles se trouvent contenues aussi dans les corps et manquent des fluides impondérables.

§ 15. **ORIGINE DES FLUIDES IMPONDÉRABLES.** Les éléments des deux électricités ont été produits dans l'espace central Z par le mélange des molécules amenées des deux sphères avec les ondes A, B, C, ..., et A', B', C' d'inégales densités. Des éléments des deux électricités mêlées résultent les atomes qui constituent la lumière et la chaleur.

§ 16. **ORIGINE DES CORPS.** Les fluides produits dans l'espace central Z se trouvèrent en équilibre rompu, parce que les ondes A, B, C, ..., venant de la pycnosphère P amènent en cet espace les molécules de densité $\delta + \delta'$ supérieure à celle δ des molécules qu'amènent les ondes A', B', C' venant de l'aréosphère A. Toute la masse des fluides produite dans l'espace central Z a dû quitter cet espace et être transférée dans l'espace Π où les ondes inégales O de la pycnosphère P et o de l'aréosphère A amènent les molécules en égale densité $\delta + \frac{1}{2}\delta'$.

Ces molécules isopycnes, affluant dans l'espace Π, 1° ont dû se mêler avec les atomes de chaleur, car elles s'y trouvèrent en densité inférieure ; de même 2° elles ont dû se mêler avec les atomes de la chaleur lumineuse, dans laquelle ces molécules se trouvèrent en densité supérieure.

Les mêmes molécules isopycnes entrèrent 1° dans les combinés avec les atomes de la chaleur obscure comme molécules denses, et 2° dans les combinés avec les atomes de la chaleur lumineuse comme molécules moins denses.

Ces deux espèces de combinés sont pondérables parce qu'il y entre les molécules isopycnes qui affluent des deux sphères et y exercent des poussées convergentes qui empêchent les corps de se répandre dans l'espace céleste. Cela n'a pas lieu pour la chaleur et la lumière dans lesquelles n'entrent pas les molécules isopycnes, et elles peuvent pour cela, sans éprouver quelque résistance, se répandre dans l'espace céleste par une expansion infinie.

Pour distinguer les molécules en état isopycne qui donnent naissance aux corps et à leur pondérabilité, elles sont nommées *barogène*. Le fluide composé de ces molécules est nommé *électre ;* et suivant les densités des molécules on distingue le *pycnoélectre,* l'*aréoélectre* et l'*électre isopycne* ou le *barogène.*

A. PRODUCTION DES SEPT PAIRES D'ÉLÉMENTS PRIMITIFS DANS L'ESPACE
CENTRAL.

§ 17. Les ondes qui amènent l'électre des deux sphères P et A ou E et E' (*fig.* 2) sont indiquées : 1° par les arcs *av'a'*, *bib'*, *cbc'*,…, pour la pycnosphère P, et 2° par les arcs $\alpha r \alpha'$, $\beta o \beta'$, $\gamma j \gamma'$,…, pour l'aréosphère A.

De la rencontre des deux ondes résulta une périphérie qui est composée des molécules amenées de chacune des deux ondes qui se mêlent à cause de leurs densités différentes.

1° De la première rencontre entre les ondes $d\nu d'$ et $\partial\nu\partial'$ résulta la périphérie qui se trouva dans le plan MN vertical sur la ligne PA qui unit les deux sphères.

2° De l'avancement de l'onde $d\nu d'$ vers b, i, ν' résultèrent les rencontres avec les ondes $\varepsilon b\varepsilon'$, $\zeta i\zeta'$, $\eta\nu'\eta$, venant de l'aréosphère A, et par suite les périphéries qui se trouvèrent dans des plans parallèles au plan MN.

3° De l'avancement de l'onde $\partial\nu\partial'$ vers j, o, r, résultèrent les rencontres avec les ondes cjc', $\varsigma o\varsigma'$, ara' venant de la pycnosphère P.

§ 18. **SEPT PAIRES D'ÉLÉMENTS PRIMITIFS.** En séparant les molécules amenées de la pycnosphère dans les sept périphéries ou dans les sept arcs inégaux d'un angle γ, on obtient sept segments a, b, c, d, e, f, g inégaux, contenant chacun les molécules ε de la pycnosphère P. L'ensemble de ces segments est un équivalent d'électricité positive indiqué par le signe $\overset{+}{\mathrm{E}}$.

Les sept autres périphéries ou segments des grandeurs inégales entre elles, mais formant des couples avec les sept précédents, sont α, β, γ, ∂, ε, ζ, η, contenant chacun les molécules ε' de l'aréosphère A. L'ensemble de ces sept segments est un équivalent d'électricité négative, indiqué par le signe $\overset{-}{\mathrm{E}}$.

§ 19. **ÉLECTRICITÉ NEUTRE OU IRIS.** Ce que les physiciens doivent entendre par les mots *électricité neutre* est le mélange des équivalents positifs $\overset{+}{\mathrm{E}}$ avec les négatifs $\overset{-}{\mathrm{E}}$; ici ce mélange a été nommé *iris* à cause de ses sept éléments qui donnent naissance, non-seulement aux sept couleurs, mais aussi aux sept sons, aux sept espèces d'odeurs et aux sept espèces de saveurs. En B (*fig.* 2) sont les périphéries inégales vues obliquement, et en B' elles sont vues en face.

REMARQUE. Les sons d'une octave et les étendues occupées par chacune des sept couleurs dans le spectre

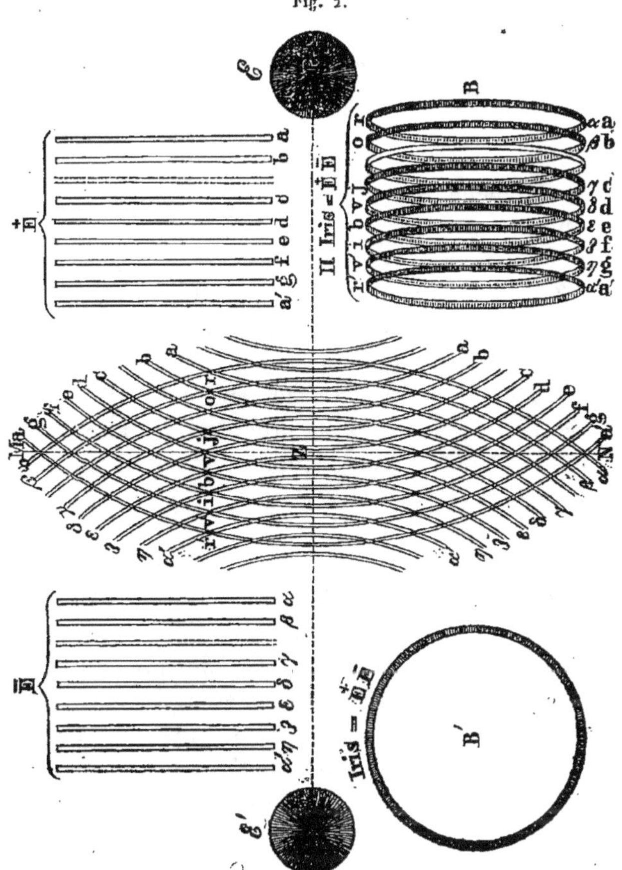

Fig. 2.

conduisent à connaître l'absence du couple qui a dû être
produit entre les périphéries *j* formées des ondes $\gamma\gamma'$, cc'
et la périphérie *o* formée des ondes $\beta\beta'$, $\theta\theta'$.

ÉLECTRICITÉ POSITIVE. L'ensemble des équivalents positifs Ё est le fluide *électricité positive*. Chacune de ces

sept espèces d'équivalents produit dans la langue le sentiment d'une saveur qui lui correspond.

ÉLECTRICITÉ NÉGATIVE. L'ensemble des équivalents négatifs $\bar{E}$ est le fluide *électricité négative*. Chacune de ces sept espèces d'équivalents produit à l'organe de l'odorat une odeur qui lui correspond.

Ces deux organes n'atteignent pas le perfectionnement des organes de la vision et de l'ouïe par lesquels chacun des sentiments des couleurs et des sons peut être bien distingué.

IRIDOÉLECTRE OU ÉLECTRICITÉ NEUTRE. De l'espace central Z a dû se répandre le nouveau fluide composé d'iris ou d'électricité neutre pour faire rencontrer ses ondes, d'une part avec les ondes A, B, C,..., de la pycnosphère, et de l'autre avec les ondes A', B', C',..., de l'aréosphère. Ainsi ont été produites de nouvelles rencontres et en résultèrent de nouveaux combinés qui sont la *lumière* et la *chaleur*.

B. PRODUCTION DE LA LUMIÈRE ET DE LA CHALEUR.

§ 20. Les ondes de l'électricité neutre $\bar{E}\bar{E}$ devaient l'amener de l'espace central Z comme centre en rencontre : 1° d'un côté avec les ondes de la pycnosphère P, et 2° de l'autre avec les ondes de l'aréosphère A. Il y a eu production des deux espèces de combinés : dans chacune d'elles entra l'électricité neutre $\bar{E}\bar{E}$ comme facteur commun, et la différence résulta des molécules ε amenées de la pycnosphère P et des molécules ε' amenées de l'aréosphère A.

§ 21. PRODUCTION DE LA LUMIÈRE. L'électricité neutre $\bar{E}\bar{E}$, venant à rencontrer les ondes de la pycnosphère, a sollicité la combinaison des sept éléments de chaque équivalent négatif $\bar{E}$ avec sept autres éléments qui constituent un équivalent positif $\bar{E}$. Ainsi résultèrent les atomes composés d'électricité neutre $\bar{E}\bar{E}$ avec un équivalent positif $\overset{+}{E}$. Ces atomes $\overline{E}\overline{E}+\overline{E}$ ou $\overline{E}^2\,\overline{E}$ constituent le fluide *lumière*.

§ 22. **PRODUCTION DE LA CHALEUR.** Les mêmes ondes de l'électricité neutre $\overline{E}\overline{E}$, venant en rencontre avec les ondes de l'aréosphère A, occasionnèrent la combinaison des sept éléments de chaque équivalent positif $\overset{+}{E}$ avec sept autres éléments qui constituèrent un équivalent négatif $\overline{E}$. Ainsi résultèrent les atomes composés d'électricité neutre $\overline{E}\overline{E}$ dont chaque équivalent se trouva mêlé avec un équivalent négatif $\overline{E}$. De ces atomes $\overline{E}\overline{E}+\overline{E}$ ou $\overline{E}\overline{E}^2$ se compose le fluide *chaleur*.

§ 23. **PRODUCTION DES SEPT COULEURS PAR LA LUMIÈRE INCOLORE.** Un équivalent $\overline{E}\overline{E}$ d'électricité neutre est composé de sept couples dont chacun provient des deux arcs égaux contenant, l'un les molécules denses ε de la pycnosphère, et l'autre les molécules moins denses ε' de l'aréosphère. Ainsi, on a les éléments des sept couples d'équivalents dont se compose l'électricité neutre et ceux dont se composent les atomes de la lumière et les atomes de la chaleur.

1° *Équivalents de l'électricité neutre :*

$$\overset{+}{\overline{E}}\overline{E} = a\,\alpha + b\,\beta + c\,\gamma + d\,\delta + c\,\varepsilon + f\,\zeta + g\,\eta.$$

2° *Équivalents des atomes de la lumière :*

$$\overline{E}\overline{E}\overset{+}{E} = a\,\alpha\,a + b\,\beta\,b + c\,\gamma\,c + d\,\delta\,d + e\,\varepsilon\,e + f\,\zeta\,f + g\,\eta\,g.$$

3° *Équivalents des atomes de la chaleur :*

$$\overline{E}\overset{+}{E}\overline{E} = \alpha\,a\,\alpha + \beta\,b\,\beta + \gamma\,c\,\gamma + \delta\,d\,\delta + \varepsilon\,c\,\varepsilon + \zeta\,f\,\zeta + \eta\,g\,\eta.$$

4° *Les sept couleurs et leurs éléments :*

$$\text{rouge} = a^2\,\alpha, \quad \text{orangé} = b^2\,\beta, \quad \text{jaune} = c^2\,\gamma, \quad \text{vert} = d^2\,\delta,$$
$$\text{bleu} = e^2\,\varepsilon, \quad \text{indigo} = f^2\,\zeta, \quad \text{violet} = g^2\,\eta.$$

5° *Les sept sons et leurs éléments :*

$$\text{ut}_2 = \alpha^2 a, \quad \text{si} = \beta^2 b, \quad \text{la} = \gamma' c, \quad \text{sol} = \delta^2 d, \quad \text{fa} = \varepsilon^2 e,$$
$$\text{mi} = \zeta^2 f, \quad \text{ré} = \eta^2 g.$$

Les sept couleurs du spectre se trouvent dans la lumière incolore, comme Newton l'a reconnu; toutefois, n atomes de lumière incolore ne sont pas décomposés pour produire n atomes de chacune des sept couleurs du spectre, comme l'admet Newton; mais il faut, pour n atomes d'une couleur, n atomes incolores, et c'est de la suppression des atomes des six couleurs que résulte la couleur complémentaire observée dans le spectre. Il faut donc détruire sept n d'atomes incolores pour faire apparaître dans le spectre n atomes de chacune des sept couleurs.

§ 24. **PRODUCTION DES SEPT SONS OU SEPT ESPÈCES D'ÉCHOGÈNE PAR LES ÉLÉMENTS DE LA CHALEUR.** L'électricité neutre composée des sept couples d'éléments est également l'origine des sept couleurs et des sept espèces d'échogène qui produisent les sept sons en octaves différentes. Les physiciens ignoraient parfaitement l'origine des fluides qui donnent naissance aux sentiments de l'ouïe. Pour obtenir une couleur, il faut supprimer le mouvement dans la lumière des six autres; de même, pour produire un son ou une espèce d'échogène, il faut dans un atome de chaleur détruire les six autres espèces, comme cela a été exposé dans le V$^\text{e}$ livre de la *Physique simplifiée.*

Dans le principe les couleurs et les espèces d'échogène manquèrent, parce qu'elles ont dû être produites de la manière indiquée. Dans l'espace central Z ont été précédemment produites les sept espèces de couples qui constituent les deux équivalents électriques de l'électricité neutre $\bar{\text{E}}\bar{\text{E}}$. De cette électricité et des molécules ε, amenées avec les ondes de la pycnosphère P, résultèrent les atomes $\bar{\text{E}}^2\bar{\text{E}}$ dont se compose la *lumière;* de la même électricité $\overset{+}{\bar E}\bar E$ et des molécules ε', amenées avec les ondes de l'aréosphère A, résultèrent les atomes $\overset{+}{\bar E}\bar E^2$ dont se compose la *chaleur*.

Toute la masse $\Phi\Theta$ de lumière et de chaleur a été produite dans l'espace Z par la masse d'électricité neutre $2n\overset{+}{\bar E}\bar E$, dont 1° une moitié $n\overset{+}{\bar E}\bar E$, combinée avec les équivalents $n\overset{+}{\bar E}$ positifs, forma la masse de lumière $\Phi = n\overset{+}{\bar E}\bar E + n\overset{+}{\bar E} = n\overset{+}{\bar E}{}^2\bar E$; et 2° l'autre moitié $n\overset{+}{\bar E}\bar E$, combinée avec les équivalents $n\bar E$ négatifs, forma la masse de chaleur $\Theta = n\overset{+}{\bar E}\bar E + n\bar E = n\overset{+}{\bar E}\bar E^2$.

C. EXODE DE LA MASSE DE CHALEUR ET DE LUMIÈRE DE L'ESPACE CENTRAL VERS L'ESPACE STELLAIRE.

§ 25. La masse $\Phi\Theta$ de lumière et de chaleur ne pouvait pas se soutenir dans l'espace central Z où elle a été produite, car elle éprouvait des ondes A de la pycnosphère une poussée supérieure correspondant aux molécules denses ε que ces ondes amènent. Ainsi commença l'exode vers l'espace stellaire avec un maximum de vitesse correspondant au maximum de la différence $\delta' = (\delta + \delta') - \delta$ entre les densités $\delta + \delta'$ et δ des molécules ε et ε' amenées des deux sphères par leurs ondes A et A' à l'espace central Z.

§ 26. DURÉE INFINIE DE L'EXODE. Pendant l'éloignement de la masse $\Phi\Theta$ de l'espace central Z le rayon des ondes A de la pycnosphère P augmentait, et la densité $\delta + \delta'$ des molécules ε y diminuait; au contraire le rayon des ondes A' de l'aréosphère A diminuait, et la densité δ des molécules ε' y augmentait. Telle était la cause de la diminution indéfinie de la vitesse dont résulta une durée indéfinie de l'exode.

§ 27. MOLÉCULES ISOPYCNES DANS L'ESPACE STELLAIRE. Les molécules des deux électrosphères ne diffèrent que par leur densité, cette différence ne s'évanouit que dans l'espace stellaire Π, dont des distances Π A et Π P des deux

sphères sont en raison inverse des densités ∂ et $\partial + \partial^N$.
Dans une surface s égale sur une onde O grande de la
pycnosphère et sur une onde o moins grande arrivant en
Π de l'aréosphère A se trouve égale quantité des molécules du fluide électre. A cause donc de cette égale densité il est nommé *électre isopycne* et il sera indiqué par
ε^o par rapport de l'électre dense indiqué par le signe ε et
de l'électre moins dense indiqué par le signe ε'.

Mais cet électre isopycne se mêla avec la chaleur
obscure θ et avec la chaleur lumineuse $\varphi\theta^\imath$, et ces deux
combinés sont les deux éléments de l'eau qui ont un
poids et sont pour cela les éléments primitifs de tous les
corps. En ce cas l'électre isopycne devient cause de la
pondérabilité des corps; il est pour cela nommé *baroyène*
et il est indiqué par les signes β dans les corps terrestres,
par le signe в dans la masse du diamètre d'un corps céleste, et par le signe B dans les ondes O et o qui
l'amènent de la pycnosphère P et de l'aréosphère A.

D. PRODUCTION DU CORPS CENTRAL CONTENANT TOUTE LA MASSE
PONDÉRABLE.

§ 28. L'électre isopycne dans l'espace stellaire Π a une
densité $\partial + \frac{1}{2}\partial^N$, 1° qui est supérieure à celle $\partial + \frac{1}{2}\partial^N - \alpha$ ·
des molécules contenues dans les atomes θ de chaleur
obscure, et 2° qui est inférieure à celle $\partial + \frac{1}{2}\partial^N + \alpha$ des
molécules contenues dans les atomes $\varphi\theta^\imath$ de la chaleur
lumineuse. Comme donc dans l'espace central Z entra
l'électricité neutre ĔE, 1° dans les atomes de la lumière
comme un facteur contenant les molécules en densité
inférieure $\partial + \partial^N - \lambda$ à celle $\partial + \partial^N$ des ondes A, et 2° dans
les atomes de la chaleur, comme un facteur contenant
les molécules de densité supérieure $\partial + \partial^N - \lambda$ à celle ∂ des
ondes A'; de même dans l'espace stellaire Π, 1° l'électre

isopycne entra dans les atomes de l'*hydrogène* comme
un facteur contenant les molécules de densité $\eth + \frac{1}{2}\eth'$
supérieure à celle $\eth + \frac{1}{2}\eth' - \alpha$ des molécules des atomes
de la chaleur, et 2° il entra dans les atomes de l'*oxygène*
comme un facteur contenant les molécules de densité
$\eth + \frac{1}{2}\eth'$ inférieure à celle $\eth + \frac{1}{2}\eth' + \alpha$ des molécules
des atomes $\varphi\theta^7$ de la chaleur lumineuse.

HYDROGÈNE $= \overset{+}{\bar{E}}\bar{E} + \bar{E} + \varepsilon^0 = \overset{+}{\bar{E}}\bar{E}^2\,\varepsilon^0 = \theta\beta = \overset{+}{\bar{H}} =$ élément électropositif.

OXYGÈNE $= (\overset{+}{\bar{E}}\bar{E} + \overset{+}{\bar{E}} + 7\,\overset{+}{\bar{E}}\bar{E}^2) + 8\varepsilon^0 = \varphi\vartheta^7\,\beta^8 = \bar{O} =$ élément électronégatif.

ATOME D'EAU $= \overset{+}{\bar{H}}\bar{O} = \theta\beta + \varphi\beta\overline{\theta\beta} = \varphi\beta\theta^8\,\beta^8$.

§ 29. ARCHÉGÈTE. L'ensemble de toute la masse pondérable du monde composa dans le principe un corps nommé Archégète; dans les éléments électriques de cette masse pondérable se trouva mêlée toute la quantité de chaleur lumineuse $\Phi'\Theta'$ qui n'entra pas dans les deux éléments de l'eau mêlée avec l'électre isopycne de quantité E^0 pour produire la masse pondérable composée de

$$7\,\Theta\,E^0 + \Phi E^0 + \Theta\,E^0 = N \times OH.$$

Dans l'Archégète se trouva :

La masse pondérable en forme d'oxygène et d'hydrogène $N \times OH$;

La masse impondérable en forme de chaleur lumineuse $\Theta'\Phi'$.

De la masse pondérable $N \times HO$ il n'a rien été perdu pendant ses expulsions répétées des corps centraux dans l'espace stellaire.

De la masse impondérable de la chaleur lumineuse $\Theta'\Phi'$, il y a une consommation constante dans l'espace céleste.

IV. DE LA PESANTEUR ET·DE LA PONDÉRABILITÉ
DES CORPS.

§ 30. Tant qu'on ne connaissait pas la cause commune de la pesanteur et de la pondérabilité des corps, il était admis, pour lier les idées, que les molécules matérielles exercent mutuellement une attraction proportionnelle à leur quantité qm, $q'm$... Ici il a été prouvé que dans l'espace stellaire Π les ondes O et o amènent l'électre isopycne qui est contenu dans les corps. Ceux-ci ne peuvent pas s'éloigner de l'espace qu'ils occupent, à cause de la résistance que leur électre isopycne éprouve de la part des fluides qui affluent.

§ 31. **REMPLACEMENT DE L'ATTRACTION PAR LA POUSSÉE DANS LES CORPS TERRESTRES.** Une quantité normale B d'électre isopycne ou barogène afflue avec les ondes O et o des deux sphères, et il s'arrête à chaque diamètre de la Terre une quantité ʙ égale à celle qui est contenue dans les molécules matérielles du diamètre $2R = D$; de sorte qu'il n'émerge de chaque point de la surface terrestre que la différence B — ʙ de barogène ; elle exerce sur les corps une poussée centrifuge P — ᴘ, tandis que ces mêmes corps éprouvent la poussée P centripète de la part du barogène B. L'équilibre rompu est d'un degré correspondant à la différence $ᴘ = P — (P — ᴘ)$ entre la poussée P centiprète et la poussée P — ᴘ centrifuge qui provient de celle $ʙ = B — (B — ʙ)$ entre le barogène B affluant vers la Terre et celui B — ʙ qui en émerge.

Depuis la découverte de l'origine de la pesanteur et de la pondérabilité, l'hypothèse de l'attraction devint superflue, et cela a dû se faire même nécessairement, non-seulement pour la simplification des calculs, mais aussi à cause des trois états des corps qui sont le résultat, 1° des degrés produisant les répulsions expansives $R \pm r$, et 2° de la poussée centriprète invariable p, comme cela est exposé plus loin.

§ 32. **PESANTEUR ENTRE LES CORPS CÉLESTES.** L'attraction apparente n'a pour cause qu'une diminution de la poussée centrifuge, et c'est l'excédant $p = P — (P — p)$ de la poussée centripète qui produit l'effet qui était considéré comme résultat d'une attraction mutuelle entre les masses. Le même principe des poussées a été établi en général pour tous les cas où on croyait précédemment qu'il existait une attraction : l'affinité, par exemple, est l'effet de la poussée de la part des molécules les plus denses ; et le rapprochement des deux corps isolés et différemment électrisés s'opère par le passage des équivalents de l'électricité neutre de l'intervalle dans les deux corps qui par suite exercent une résistance plus faible que l'air ambiant.

Tant que toute la masse pondérable était renfermée dans une seule enveloppe, le volume de celle-ci résultait d'une poussée P centripète et il n'a point changé, mais la poussée centrifuge $P — p$ diminua après l'expulsion d'une portion M de la masse totale. Les molécules superficielles, étant soumises à la différence $p = P (P — p)$ des deux poussées, étaient sollicitées de s'approcher pour faire diminuer indéfiniment le volume. Les mêmes molécules, à cause de leur élément de chaleur lumineuse, éprouvaient de la part de l'écoulement centrifuge de la chaleur lumineuse une poussée centrifuge $P — p$. L'enveloppe solide a été produite par la congélation de la couche de vapeur opaque formée des molécules de la couche superficielle de la masse brûlante.

Le volume V du corps central ne pouvait pas indéfiniment diminuer ; il resta dans une certaine limite contenant la masse des éléments de l'eau en une densité qui était plusieurs millions de fois plus grande que celle des métaux les plus denses. Il y a donc eu , non-seulement

2.

expulsion des masses dans la production des corps périphériques, mais en même temps diminution de densité et
accroissement de volume.

De même que l'attraction se trouva réduite en poussées centripètes, de même la multiplication des corps
célestes, au lieu d'être le résultat d'une accumulation
de la matière par l'attraction, se trouva produite par la
subdivision des masses expulsées une ou plusieurs fois
pour se trouver dans des corps toujours moins gros.

V. MODE DE LA PRODUCTION DES CORPS PÉRIPHÉRIQUES ET DES MOUVEMENTS ROTATOIRES ET ORBICULAIRES PAR L'EXPULSION D'UNE MASSE DU CORPS CENTRAL.

§ 33. Jusqu'ici nous avons exposé plusieurs séries
des faits qui se sont produits conformément à la loi
physique, et qui, par conséquent, sont véritables;
cependant, il n'était pas possible de les contrôler en
même temps pour rendre plus évidente leur existence.
Les séries des phénomènes qui vont être exposés ne le
cèdent en rien à tout ce qui a été établi par les astronomes et ne laissent plus aucun doute sur la réalité des
faits, car il y a répétition des actions dont résultèrent
les séries des faits connus.

DIRECTIONS DES MOUVEMENTS, VITESSES, PLANS DES OR-
BITES, DISTANCES ENTRE LES CORPS PÉRIPHÉRIQUES ET LEUR
CORPS CENTRAL; PÉRIODICITÉS DES DÉVIATIONS, PERTUR-
BATIONS, PÉRIODICITÉS DE L'ÉCLAT, ÉCLATS VARIABLES, APPA-
RITION D'ÉTOILES NOUVELLES, LEUR DISPARITION, ETC. Ce
ne sont pas ici des faits décrits, mais des faits produits suivant la loi physique, qui permet d'arranger
chaque nébuleuse, chaque étoile et chaque comète dans
un ordre mathématiquement déterminé.

De même que du Soleil a été expulsée la masse dont
ont été formées les planètes, de même des soleils qui se

trouvent parmi les étoiles est expulsée, à grands intervalles, une masse brûlante, qui apparaît subitement dans un point comme une étoile nouvelle avec un maximum d'éclat, et se soutient quelques semaines, puis s'affaiblit pour devenir invisible. Les étoiles nouvelles n'apparaissent pas très-rarement depuis les observations télescopiques, mais précédemment on ne remarquait que celles dont l'éclat était comparable à celui de Vénus; nous indiquerons l'origine des éclats différents.

Tous les faits optiques relatifs aux étoiles nouvelles ou aux masses brûlantes expulsées d'un soleil, qui se sont produits pour les habitants terrestres, se sont produits dans le même ordre pour les habitants des planètes de l'espace stellaire par suite de la masse brûlante expulsée du Soleil. De la masse totale M contenue dans le Soleil, celle m qui a été expulsée n'est guère qu'un millième; la masse totale M du Soleil n'a donc pas changé sensiblement.

A. MODE DE L'EXPULSION DE LA MASSE PLANÉTAIRE DU SOLEIL.

§ 34. La masse brûlante qui constitue le Soleil n'est pas en contact immédiat avec l'espace, elle se trouve renfermée dans une enveloppe solide de glace transparente formée par le refroidissement de la couche superficielle de la même masse. Avant de passer à l'état solide, cette couche était à l'état vaporeux; alors la lumière provenant de la masse brûlante doit éprouver une dispersion, comme cela s'opère dans les nuages. La lumière est propagée en des directions centrifuges rectilignes de la masse brûlante; mais elle n'éprouve pas cette dispersion lorsque manque l'enveloppe vaporeuse, et cela a lieu : 1° au moment de l'expulsion de la masse brûlante, et 2° après que cette enveloppe vaporeuse s'est congelée pour devenir une enveloppe de glace transparente, comme l'est celle qui renferme la masse brûlante qui constitue le Soleil.

Les *taches solaires* que nous observons sont de petites portions de masses brûlantes expulsées à travers des cratères; leur surface se couvre de vapeur opaque qui disperse les rayons, et c'est ainsi que diminue la quantité de lumière propagée dans des directions centrifuges rectilignes. C'est donc cette diminution de lumière ainsi occasionnée, qui produit les sentiments correspondants aux taches. La masse brûlante expulsée s'élève à une hauteur H en forme d'une haute pyramide ayant sa base dans le cratère, ensuite la couche superficielle se dilate au delà des bords du cratère et la forme de champignon apparaît. Enfin, toute la masse gelée est précipitée par la pesanteur et ferme le cratère en se transformant en une plaque de glace, qui livre passage aux rayons pour se propager dans des directions rectilignes centrifuges. C'est ainsi que s'éclaircit l'espace qui paraissait opaque, de même que par la disparition des nuages le ciel s'éclaircit et le Soleil apparaît. Je reviendrai sur les détails des taches solaires, ici je n'indique que leurs gros détails pour rendre plus évident le mode de l'expulsion d'une masse plus grande que celles dont résultent les taches.

Il y a une longue série de faits liés entre eux comme causes et effets par la loi physique. Les actions ont eu lieu il y a des millions de siècles; elles se reproduisent pour les autres soleils, précisément comme cela a lieu dans les séries de faits physiologiques qui ne sont pas fausses, lorsque les faits observés par les individus actuels sont considérés comme identiques à ceux qui ont eu lieu il y a des siècles et à ceux qui seront produits dans l'avenir. Il s'agit ici de prouver :

I. L'existence d'une répulsion R exercée entre les molécules de la masse M qui resta et celle м qui a été expulsée.

II. Comment cette répulsion R ou le mouvement emmagasiné dans la masse a été converti en mouvement de rotation de la masse M qui resta et en mouvement orbiculaire de la masse м expulsée.

III. Comment cette même répulsion R a fait se subdiviser la bande de la masse м expulsée en neuf portions dont huit restèrent dans l'espace pour former huit grosses planètes, tandis qu'une de ces portions ne resta pas dans l'espace qu'elle devait occuper.

IV. Pourquoi les cubes des distances entre les planètes et le Soleil sont comme les carrés des durées de leur révolution.

V. Pourquoi le plan équatorial du Soleil coïncide presque avec les plans orbiculaires des planètes.

VI. Pourquoi la rotation équatoriale du corps central s'opère dans le même sens que les révolutions orbiculaires des corps périphériques.

§ 35. La couche superficielle de la masse brûlante étant en contact avec l'enveloppe solide de glace et avec les couches inférieures de cette masse brûlante, perd d'un côté une quantité de sa chaleur brûlante et en reçoit de l'autre. Si les deux quantités étaient égales, il n'existerait aucune répulsion, comme cela a lieu pour les chaudières faiblement chauffées. Une répulsion expansive d'une masse renfermée ne se produit dans la couche superficielle que dans le cas où la quantité inférieure $\Theta - \theta$ de chaleur s'éloigne et où arrive des couches inférieures une quantité supérieure Θ.

Le mouvement est emmagasiné dans les éléments de la chaleur composés des molécules d'électre, et il se communique avec la chaleur à la masse A de la couche superficielle de la masse brûlante. C'est donc ce mouvement qui se manifeste comme une répulsion R et qui ne cesse pas de croître; de sorte que la solidité de l'enveloppe doit nécessairement être vaincue, comme cela a lieu : 1° pour chaque chaudière renfermée et fortement chauffée; 2° pour les éruptions des volcans.

La répulsion R doit être d'un très-haut degré pour acquérir une force suffisante à briser l'enveloppe très-épaisse qui résisterait à des millions d'atmosphères. La rupture inévitable s'opère au point de l'enveloppe qui exerce la plus faible résistance. La masse m de la couche A superficielle se trouvant dans le cratère n'éprouve plus du dehors aucune résistance, elle cède à la répulsion R expansive; de là résultent deux poussées divergentes et égales.

1° La masse m' de la première portion acquiert une moitié $\frac{1}{2}$ R de la répulsion pour parcourir la distance 2°Δ, et la massse M' qui reste acquiert l'autre moitié de répulsion $\frac{1}{2}$ R pour être repoussée du cratère K $(fig.\ 3)$ vers le centre C du Soleil.

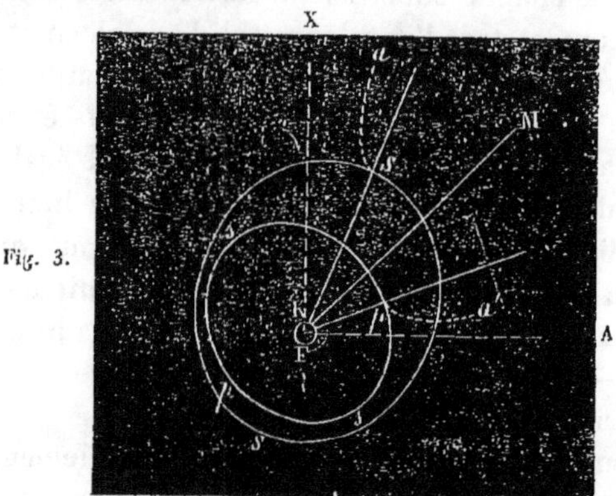

2° Pour l'expulsion de la masse de la deuxième portion m'', il ne reste plus que la moitié $\frac{1}{2}$ R de répulsion qui se trouvait dans la masse M'; elle a dû se subdiviser de façon que la moitié $\frac{1}{2^3}$ R s'applique à la masse m'' qui devait parcourir la distance $2^8\Delta$ moitié de la précédente, et que l'autre moitié $\frac{1}{2^2}$ R de la répulsion s'applique à la masse M″ qui reste pour parcourir le rayon r entre le cratère et le centre.

3° Dans l'expulsion de la masse m''' de la troisième portion, la répulsion a dû se subdiviser, en sorte que $\frac{1}{2^3}$ R fût appliqué à la masse m''' qui a dû parcourir la distance $2^7\Delta$, et $\frac{1}{2^3}$ R à la masse M‴ qui resta et qui a été repoussée vers le centre.

Par les neuf distances $2^9\Delta$, $2^8\Delta,\ldots, 2\Delta$, auxquelles resta arrêtée chacune des masses des neuf portions, on connut non-seulement le nombre de ces portions, mais encore le mode de leur expulsion : il ne reste plus qu'à prouver comment il s'est fait, suivant la loi physique, que les masses de huit de ces portions restèrent dans l'espace, tandis que l'une d'elles disparaissait.

B. MODE DE LA PRODUCTION DES DEUX MOUVEMENTS ROTATOIRE ET ORBICULAIRE PAR LA RÉPULSION EXPANSIVE.

§ 36. Avant l'expulsion de la masse brûlante, le Soleil avait déjà le mouvement orbiculaire qu'il a encore, mais il ne tournait pas autour de son axe et n'était pas entouré de planètes. Il existe dans les mêmes conditions des milliards de soleils parmi les étoiles, et nous apprendrons à les distinguer des planètes, car la distinction qu'on en a faite jusqu'à présent est fausse.

De l'expulsion de la masse m brûlante du Soleil, opérée par suite de l'expansion R exercée au cratère dans cette masse et dans celle M qui resta, il résulta un mouvement rotatoire ayant pour cause, 1° le mouvement orbiculaire linéaire, et 2° le mouvement centripète exercé par la répulsion $\frac{1}{2}$ R sur la masse M′, qui resta après la séparation de la masse m' de la première portion.

§ 37. **PRODUCTION DU MOUVEMENT ROTATOIRE ET DE SA VITESSE CROISSANTE.** Du mouvement linéaire orbiculaire invariable et de la répulsion R exercée successivement en quantités

$$\div \frac{1}{2} R : \frac{1}{2^2} R : \frac{1}{2^3} R : \dots : \frac{1}{2^9} R,$$

résulta le mouvement de rotation, dont l'accroissement de vitesse pendant l'expulsion des masses m', m'', m''' de chaque portion est représenté par

$$\div \frac{1}{2} R : \frac{2^2 - 1}{2^2} R : \frac{2^3 - 1}{2^3} R : \dots : \frac{2^9 - 1}{2^9} R.$$

§ 38. **PRODUCTION DU MOUVEMENT ORBICULAIRE ET DE SA VITESSE CROISSANTE.** Dans le principe, une quantité de masse brûlante a été expulsée alors que la rotation manquait encore, et la masse m' se sépara du cratère lorsque la rotation eut commencé. La masse μ, après avoir parcouru la distance $2^9\,\Delta$, a été arrêtée par la pesanteur et a été forcée de rebrousser chemin. L'autre masse m', en passant par le cratère déjà en rotation, éprouva à son bord occidental une poussée σ en direction tangentielle KA et perpendiculaire à la poussée centrifuge de direction KX.

A cause de ces deux poussées σ et p inégales et à cause de la résistance opposée par la pesanteur, la vitesse centrifuge de la poussée p a dû diminuer sans que la poussée tangentielle σ éprouvât aucun changement. La courbe déterminée par ces deux poussées est une branche d'hyperbole sa indiquée par l'équation

$$(\alpha) \qquad y = \sin \gamma - a \cos \gamma.$$

a indique le rapport entre les poussées σ et p, dont la tangentielle σ est d'abord faible dans les portions m', m'', m''', et croît pour atteindre un maximum dans la masse m^{IX} de la neuvième portion, tandis que la poussée centrifuge p s'exerça en son maximum sur la masse m' expulsée la première, et en son minimum sur la masse m^{IX} expulsée la dernière. Il y a eu un moment où les poussées σ et p, les unes croissantes et les autres décroissantes, ont été égales, et, alors qu'elles étaient verticales, le rapport a dû être $\gamma = 45°$ et $a = \pm 1$. Pour la portion de la masse m^{v} qui éprouva les deux poussées égales, l'équation (α) devient

$$(\beta) \qquad y \sin 45 \pm \cos 45, \quad y = 0, \quad \text{et} \quad y = \frac{1}{\sqrt{2}}.$$

§ 39. CHANGEMENT DU MOUVEMENT HYPERBOLIQUE EN MOUVEMENT ELLIPTIQUE. L'éloignement de la masse m de chaque portion se termine en un point S, qui est commun à la branche de l'hyperbole et à son *asymptote*, sans que pour cela la poussée σ tangentielle éprouve une perte. A la place de la poussée centrifuge p une poussée centripète $- p'$ commence à être exercée dans la masse m, en même temps que la poussée tangentielle, de sorte que le point S, dans lequel se trouvait la masse, devint l'extrémité d'un axe d'ellipse : celle-ci est indiquée par l'équation de la branche de l'hyperbole dans laquelle il faut changer le signe pour indiquer le renversement de la poussée centrifuge en poussée centripète,

$$(\gamma) \qquad\qquad y = \sin \gamma + a \cos \gamma.$$

§ 40. CAUSE DE LA DISPARITION DE LA MASSE DE LA CINQUIÈME PORTION. La masse m^{v} partit du cratère en une direction linéaire déterminée par le prolongement du rayon qui passe par le cratère et qui est indiquée par l'équation (β). Au point S d'arrêt dans la distance $\frac{1}{\sqrt{2}}$, la masse m^{v} se trouva entièrement privée de mouvement, qui était rectiligne, et ainsi elle a dû obéir à la pesanteur qui paraît l'avoir entraînée dans la masse m^{iv} de la portion précédente.

C. LIAISONS ENTRE LES CORPS PÉRIPHÉRIQUES, LEUR CORPS CENTRAL ET LEUR CAUSE.

§ 41. Il était connu : 1° que le sens de la rotation de chaque corps central est le même que celui des mouvements orbiculaires de ses corps périphériques ; 2° que les distances entre les corps périphériques et leur corps central s'arrangent de façon à produire une espèce de progression géométrique ; 3° que les cubes de ces distances sont comme les carrés des durées de révolutions autour du corps central ; 4° qu'entre Mars et Jupiter manque une grosse planète.

Tous ces faits, isolés et inexplicables jusqu'à présent, se trouvent ici arrangés comme causes et effets liés entre eux par la loi physique, qui détermine le mode de leur production.

§ 42. MÊME SENS DES MOUVEMENTS ORBICULAIRES ET DE CELUI DE LA ROTATION DU CORPS CENTRAL. Le plan équatorial du corps central passe par le rayon qui aboutit au cratère ; il a été indiqué que la brisure de l'enveloppe s'opère au point le plus faible, indépendamment du plan orbiculaire. Donc l'angle Γ, formé par le plan équatorial d'un corps central avec le plan de son orbite, peut être de grandeur quelconque ; mais l'angle γ, formé par le plan équatorial d'un corps central et les plans orbiculaires de ses corps périphériques, est toujours très-petit. Ce rapprochement des plans susdits est un effet immédiat de la poussée tangentielle exercée par le bord postérieur du cratère sur la masse m de chaque portion expulsée, qui éprouvait en même temps une poussée centrifuge dans la direction du prolongement du rayon CK qui passait par le cratère.

Le sens du mouvement de la rotation détermina le sens du mouvement orbiculaire; la position du plan équatorial du corps central détermina les positions des plans orbiculaires de tous ses corps périphériques. Il suffit de connaître la position d'un plan orbiculaire ou celle du plan équatorial du corps central pour déterminer la position des plans orbiculaires de tous les autres corps, ou celle du plan équatorial du corps central du même système; la même chose a lieu pour le sens de leur mouvement.

§ 43. ORIGINE DE LA LOI DE BODE ET SA RECTIFICATION. Avant la découverte des deux dernières planètes on observa une espèce de progression géométrique dans les distances entre les six planètes, alors connues, et le Soleil. Après avoir coordonné ces distances on a obtenu une série qui ne s'éloigne pas trop des distances véritables. Cette série est la suivante pour la distance de chaque planète :

Mercure.	Vénus.	Terre.	Mars.
4	$4+3$	$4+2\times3$	$4+2^2\times3$

Planétoïdes.	Jupiter.	Saturne.
$4+2^3\times3$	$4+2^4\times3$	$4+2^5\times3$

Après la découverte d'Uranus, sa distance du Soleil a été trouvée en correspondance exacte avec la loi, car cette distance ne diffère pas de la valeur $4+2^6\times3$. Ainsi, la loi connue déjà avant Bode a été déclarée comme celle de la gravitation de Newton. Lorsque enfin la planète Neptune a été découverte, on resta étonné de voir que sa distance du Soleil est inférieure d'un quart à ce qu'elle aurait dû être suivant la loi de Bode.

Au lieu de chercher la cause par le moyen indiqué, nous avons découvert son origine, et les faits qui en résultent servent comme exemples et comme contrôles.

Les masses m', m'', m''',..., de chaque portion expulsée éprouvèrent chacune une répulsion décroissante suivant la progression géométrique à laquelle correspondent les distances parcourues par chaque portion.

$$\textit{Poussée centrifuge.}\;. \quad \doteqdot \frac{1}{2}\mathrm{R} : \frac{1}{2^2}\mathrm{R} : \frac{1}{2^3}\mathrm{R} : \ldots : \frac{1}{2^9}\mathrm{R}.$$

$$\textit{Distances parcourues.} \quad \doteqdot 2^9\Delta : 2^8\Delta : 2^7\Delta : \ldots : 2\Delta.$$

MODIFICATIONS DES DISTANCES INDIQUÉES. 1° Les distances seraient dans la progression indiquée si la masse de chaque portion était la même, parce que dans la progression indiquée, en admettant des masses inégales, il faut introduire les quantités suivantes de mouvement :

$$\textit{Quantités de mouvements.}$$

$$\doteqdot \Delta' \times m' : \Delta'' \times m'' : \Delta''' \times m''' : \ldots : \Delta^{\mathrm{IX}} \times m^{\mathrm{IX}}.$$

2° La distance de la masse $\mu + m'$, expulsée la première, n'a pas été conservée, parce que la partie μ, qui n'obtint pas une poussée tangentielle pour la cause sus-indiquée, rebroussa chemin, et qu'il ne resta dans l'espace que la portion m' expulsée en second lieu, laquelle se trouva arrêtée à une distance inférieure d'un quart à celle $4 + 2^6 \times 3$ indiquée par la loi de Bode.

3° La grandeur de la masse m^{IV}, dont Jupiter a été formé, eut pour résultat une poussée convergente sur les sept autres portions, laquelle les en a rapprochées ; ainsi diminuèrent les distances entre le Soleil et les trois portions m', m'', m''' ; celles entre le Soleil et les quatre autres portions m^{VI}, m^{VII}, m^{VIII}, m^{IX}, augmentèrent au contraire. Tous ces détails se trouvent numériquement exposés dans le tableau suivant :

NOMS DES PLANÈTES.	DISTANCES PRIMITIVES.	DISTANCES ACTUELLES.	DÉPLACEMENT VERS JUPITER.
Neptune ...	$2^3 \times 5,20 = 41,60$	30,04	12,56
Uranus	$2^2 \times 5,20 = 20,80$	19,18	1,62
Saturne....	$2 \times 5,20 = 10,40$	9,54	0,86
JUPITER....	5,20	»	»
Planétoïdes .	$\frac{1}{2} \times 5,20 = 2,60$	2,70	0,10
Mars......	$\frac{1}{2^2} \times 5,20 = 1,30$	1,52	0,22
Terre......	$\frac{1}{2^3} \times 5,20 = 0,65$	1,00	0,34
Vénus	$\frac{1}{2^4} \times 5,20 = 0,33$	0,72	0,45
Mercure ...	$\frac{1}{2^5} \times 5,20 = 0,17$	0,39	0,28

D. RECTIFICATION DE LA LOI DE KÉPLER.

§ 44. **ORIGINE DU RAPPORT ENTRE LES CUBES DES DIS-TANCES ET LES CARRÉS DES DURÉES DES RÉVOLUTIONS.** Le rapport découvert par Képler était considéré comme loi, lorsque la seule loi physique qui régit l'ensemble de la production des faits du monde était inconnue. On sera étonné en voyant ici que ce rapport n'est que le résultat des valeurs des aires A, a, parcourues par les rayons vecteurs; car la valeur de chacune de ces aires peut être exposée sous deux formes, et cela parce que les distances D, d, sont proportionnelles aux répulsions $\frac{1}{2^\alpha} R$, $\frac{1}{2^\eta} R$; de sorte que les poussées de la pesanteur p et P étant en raison inverse des carrés des distances, sont aussi en raison inverse des carrés des répulsions $\frac{1}{2^\alpha} R$, $\frac{1}{2^\eta} R$ indiquées par $\frac{R}{\tau}$, $\frac{R}{T}$.

La poussée tangentielle résulte de la somme des répulsious indiquées 1° par $\frac{2^\alpha - 1}{2^\alpha} R$ et 2° par $\frac{2^\eta - 1}{2^\eta} R$, ou par $\frac{\tau - 1}{\tau} R$ et $\frac{T - 1}{T}$; cette même poussée est en raison inverse des distances D et d.

Soient deux corps périphériques C, c (*fig.* 4), ou deux planètes qui circulent autour du même corps central, ce qui est nécessaire pour qu'il puisse être considéré comme produit de portions de la même répulsion R. Les éléments de leur mouvement orbiculaire sont indiqués par les distances $AC = D$, $AB = L$ et $aC = d$, $ab = l$, ou par

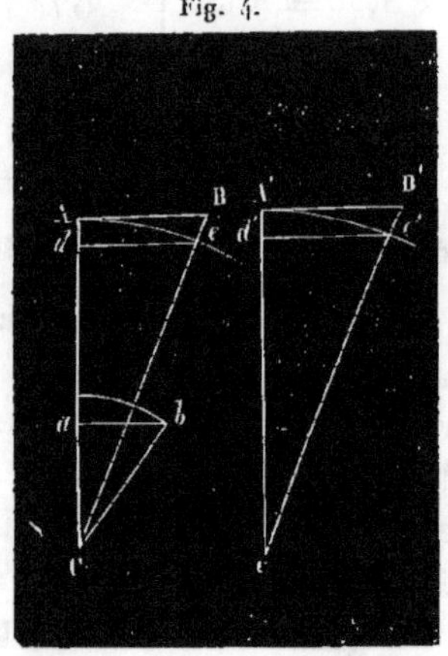

Fig. 4.

les poussées centripètes P, p, et par les poussées tangentielles P', p'.

Les produits $\frac{1}{2} P \times P'$, $\frac{1}{2} p \times p'$, sont les aires A, a, des triangles CAB, Cab. Chacune de ces aires peut avoir sa valeur exposée en facteurs de la répulsion R ou en facteurs des distances D, d, qui en résultent, parce que les poussées sont les suivantes.

I. Les poussées centripètes de la pesanteur sont en

raison inverse des carrés des distances :

$$P = \frac{1}{d^2}, \quad p = \frac{1}{D^2};$$

mais les distances sont proportionnelles à la répulsion par laquelle chacune a été produite. Pour cette raison les mêmes poussées sont en raison inverse des carrés des répulsions :

$$P = \frac{T^2}{R^2}, \quad p = \frac{\tau^2}{R^2}.$$

II. Les poussées tangentielles sont en raison inverse des distances :

$$P' = \frac{1}{d}, \quad p' = \frac{1}{D};$$

ces mêmes poussées sont proportionnelles aux sommes des répulsions indiquées par

$$P' = \frac{T-1}{T} R, \quad p' = \frac{\tau-1}{\tau} R.$$

III. Les doubles valeurs des aires A et a sont

$$A = P \times P' = \frac{1}{d^2} \times \frac{1}{d} = \frac{1}{d^3};$$

$$A = P \times P' = \frac{T^2}{R^2} \times \frac{T-1}{T} R = \frac{T(T-1)}{R};$$

$$a = p \times p' = \frac{1}{D^2} \times \frac{1}{D} = \frac{1}{D^3};$$

$$a = p \times p' = \frac{\tau^2}{R^2} \times \frac{\tau-1}{\tau} R = \frac{\tau(\tau-1)}{R};$$

$$A : a = \frac{1}{d^3} : \frac{1}{D^3} = D^3 : d^3;$$

$$A : a = \frac{T(T-1)}{R} : \frac{\tau(\tau-1)}{R} = T^2 - T : \tau^2 - \tau;$$

$$D^3 : d^3 = T^2 - T : \tau^2 - \tau.$$

Les valeurs de T, τ, sont 2^n, 2^α; pour cette raison, les quantités T et τ sont petites par rapport à leurs carrés T^2, τ^2; il faut donc négliger ces quantités T, τ, pour obtenir le rapport qui correspond à la loi de Képler qui, pour cela, perd l'exactitude mathématique qu'on lui attribuait. Cette loi est donc en défaut.

$$\Delta^3 : \eth^3 = T^2 : \tau^2 \quad \text{ou} \quad D^3 : d^3 = T^2 : \tau^2.$$

Ce défaut de la loi de Képler est d'autant plus grand que la différence entre les quantités $\dfrac{T^2 - T}{\tau^2 - \tau}$ et $\dfrac{T^2}{\tau^2}$ est plus grande. Si la valeur de T et τ est grande, la différence $\varphi = \dfrac{T^2}{\tau^2} - \dfrac{T^2 - T}{\tau^2 - \tau}$ est petite. Telle est la cause qui fait paraître exacts les résultats des calculs appliqués aux mouvements de Jupiter et de Saturne, tandis que ces mêmes calculs, appliqués aux mouvements de la Terre ou de Vénus, donnent des résultats qui ne sont pas d'accord avec ceux obtenus par les observations.

A présent, au moyen des résultats des mouvements observés, on trouve, avec les mêmes calculs, les distances véritables Δ, $\eth$, qui correspondent aux T', τ' des révolutions observées, et c'est ainsi que disparaît un facteur des perturbations, parce qu'il existe d'autres causes qui les produisent.

E. ORIGINE DU RAPPORT INVERSE ENTRE LES CARRÉS DES DISTANCES ET LA PESANTEUR.

§ 45. Lorsque la pesanteur était considérée comme un effet d'attraction, il était impossible de comprendre pourquoi elle était exactement en rapport inverse avec les carrés des distances. La mesure des degrés de pesanteur est la longueur $\frac{1}{2}g$ parcourue dans la première seconde par un corps pendant sa chute dans le vide. Cette longueur n'est pas exactement la même pour tous les points de la surface de la Terre; elle est plus grande aux pôles qu'à l'équateur, et elle n'est pas la même sur toute la périphérie de l'équateur, car elle correspond à la masse *m* contenue dans chaque diamètre terrestre, et non pas à toute la masse M de la Terre, comme on l'admettait autrefois.

Pour se mettre en mouvement, un corps doit se trouver en équilibre rompu, qui ne se produit que par poussées contraires et d'inégales intensités. Ainsi, un corps soulevé se trouve en équilibre rompu, non pas à cause d'une attraction provenant de l'ensemble de la masse *m* ou du barogène в contenus dans le diamètre terrestre qui passe par le corps soulevé, mais à cause d'une égale masse *m* ou d'une égale quantité de barogène в, interceptée dans celle B du barogène affluant pour pénétrer par le diamètre terrestre. Ainsi chaque corps éprouve de la part de l'espace : 1° une poussée P exercée par la masse du barogène B, qui est l'électre isopycne amené des ondes *o* et O des deux sphères, et 2° une poussée inférieure P — P exercée par la masse inférieure de barogène B — в émergeant de la Terre. De cette cause physique résultent plusieurs séries de faits liés entre eux comme causes et effets. Ces séries sont : 1° le rapport inverse entre les poussées de la pesanteur et les carrés des distances ; 2° le rapport entre les carrés des temps et les distances parcourues par les corps en chute, et 3° le rapport entre la pesanteur et les températures dans la production des trois états des corps.

1° Origine du rapport entre les poussées de la pesanteur et les carrés des distances.

§ 46. L'apparence d'une attraction des corps vers la Terre n'est que l'effet 1° d'une poussée P supérieure de la part de l'espace exercée sur leur masse ou sur leur barogène *b* par la masse du barogène B, et 2° d'une

poussée P — ᴘ inférieure exercée du côté de la Terre par
la masse de barogène B — ʙ. Le degré de la rupture
d'équilibre est indiqué par les différences des poussées
correspondantes à celles des masses ou des barogènes :

$$\mathtt{p} = P - (P - \mathtt{p}), \quad \mathtt{b} = B - (B - \mathtt{b}),$$
$$m = M - (M - m).$$

La longueur $\frac{1}{2} g$ parcourue par un corps dans la première seconde de sa chute correspond à la poussée ᴘ
on au barogène ʙ, dont l'affluence exerce une action
impulsive, vu l'absence de contre-poussée égale pour
l'intercepter. La cause de la poussée est donc dans la
masse m du diamètre terrestre, tandis que l'action se
manifeste dans l'influence du barogène ʙ qui exerce la
poussée ᴘ centripète. C'est donc par rapport à la
masse m que les faits paraissent se produire directement
par une attraction.

§ 47. ʀᴀᴘᴘᴏʀᴛ ɪɴᴠᴇʀsᴇ ᴇɴᴛʀᴇ ʟᴀ ᴘᴇsᴀɴᴛᴇᴜʀ ᴇᴛ ʟᴇs
ᴄᴀʀʀÉs ᴅᴇs ᴅɪsᴛᴀɴᴄᴇs. Soient C' (*fig. 5*) la Terre et c

Fig. 5.

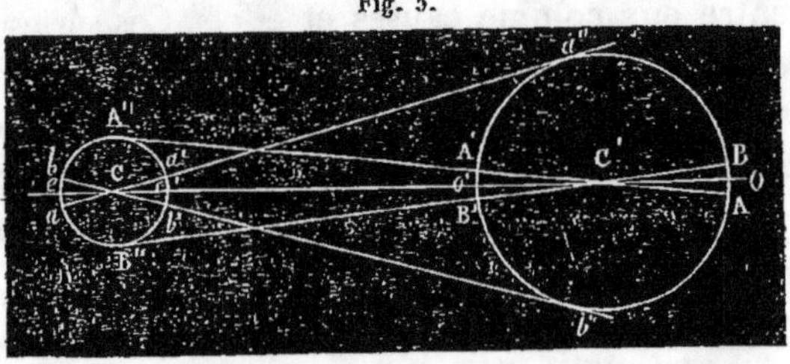

un autre corps qui en est éloigné : celui-ci est exposé au
barogène B — ʙ qui provient de la surface A′B′ = s pour
occuper celle A″B″ = S, ces deux surfaces étant entre
elles comme les carrés des rayons C′A′, C′A″, et comme les
carrés des distances C′o, C′c. Ainsi on a

$$s : S = \overline{O'A'}^2 : \overline{cA''}^2 = \overline{C'o'}^2 : \overline{C'e}^2.$$

La poussée **p** sur la Terre est répartie sur une surface *s*, et dans la distance *c*C' elle est répartie sur une surface S ; il y a donc une intensité L de poussée à chaque point de la petite surface *s* d'autant plus forte que cette surface est inférieure à la surface S, où est *l* l'intensité de la poussée sur chaque point ; il en résulte

$$s : S = L : l = \overline{C'o'}^2 : \overline{C'c}^2.$$

La poussée totale sur toute la surface T de la Terre est **p** $\times$ T ; dans la distance de *n*R de la Terre la même poussée sera répartie sur une surface n^2 fois supérieure ou $n^2 \times$ T ; et c'est pour cela qu'en chaque point de cette grande surface la poussée aura une intensité *l* n^2 fois inférieure à celle L sur la surface T.

§ **48. PESANTEUR DU MÊME CORPS AU CENTRE DE LA TERRE ET EN DES POINTS DIFFÉRENTS.** Soient *m'n'* (*fig.* 6)

Fig. 6.

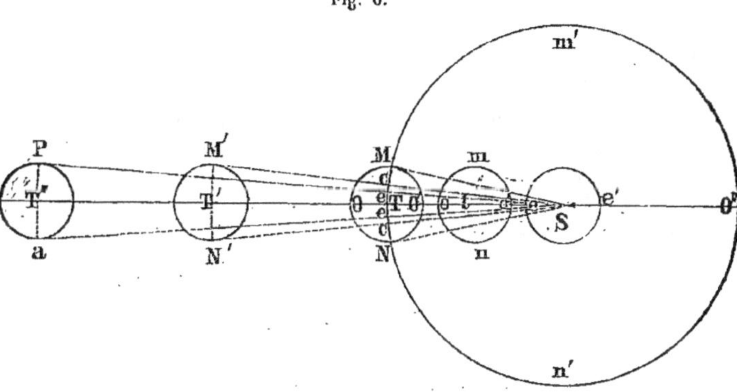

la Terre et S, *t*, T, T', T'' un corps situé à son centre ou en des points différents ; quelle sera la pesanteur de ce corps à chacun de ces points ?

1° LE CORPS AU CENTRE. Autrefois il paraissait difficile de reconnaître une absence de pesanteur au centre de la Terre, quoique cela résulte de l'hypothèse même de l'attraction ; ici il est évident que de tous les côtés le corps éprouve la poussée indiquée par $P - \frac{1}{2}p$ qui est produite par le barogène $B - \frac{1}{2}b$; par suite, il se trouvera en équilibre parfait, et pour cela sans pesanteur ; le même effet se produirait si le corps ee' était attiré par toute la masse ambiante.

2° LE CORPS AU MILIEU DU RAYON. Du côté O'' s'exerce la poussée $P - \frac{3}{4}p$; du côte opposé s'exerce la poussée $P - \frac{1}{4}p$; ainsi le corps t se trouvera en une rupture d'équilibre indiquée par la différence des poussées qu'il éprouve :

$$(P - \frac{1}{4}p) - (P - \frac{3}{4}p) = \frac{1}{2}p.$$

Ainsi l'on voit que les corps perdent de leur pesanteur en s'approchant du centre.

3° LE CORPS SUR LA SURFACE DE LA TERRE. En T s'exerce, du côté de l'espace, la poussée P, tandis que du côté du diamètre $O''T$ la poussée n'est que $P - p$; ainsi, la pesanteur est donnée par la différence des poussées ou par celle des masses de barogène :

$$p = P - (P - p); \quad m = M - (M - m),$$
$$b = B - (B - b).$$

4° LE CORPS A LA DISTANCE DU DOUBLE RAYON. En T^v le total de la rupture d'équilibre Q occupe une surface 4T quatre fois plus grande que celle T qu'elle occupe sur la Terre ; l'intensité de la pesanteur en chaque point y est donc quatre fois inférieure :

$$L : l = 4T : T.$$

Le même résultat serait obtenu si, la masse de la Terre restant la même, son diamètre était double.

5° LE CORPS A UNE DISTANCE QUELCONQUE. A une distance nR du centre terrestre S le total Q de la rupture de l'équilibre est réparti sur une surface n^2 fois plus grande que sur la Terre ; par suite, l'intensité de la pesanteur est en chaque point n^2 fois supérieure sur la Terre à celle qui existe à la distance nR :

$$L : l = n^2 R^2 : R^2.$$

REMARQUE. Dans chaque corps céleste, le maximum de pesanteur est à sa surface ; elle diminue quand on s'en éloigne pour s'approcher du centre ; au milieu du rayon, elle est réduite à la moitié, au centre elle est nulle. En dehors du corps elle est en raison inverse des carrés des distances, et ne devient nulle qu'à une distance infinie. A une distance 6oR qui est celle de la Terre à la Lune, celle-ci éprouve vers la Terre une poussée, p, 60^2 fois inférieure à celle P qu'éprouvent les corps sur la surface de la Terre. Si la masse M terrestre était contenue dans une sphère d'un rayon 6oR, la pesanteur à sa surface p serait comme celle de la Lune ; si, au contraire, la même masse M était contenue dans une sphère de rayon $\frac{1}{6o}$R, la pesanteur à sa surface serait 60^2 fois supérieure à la pesanteur actuelle $\frac{1}{2}g$.

Si dans un diamètre D terrestre, la quantité de masse ou de barogène est actuellement B, elle serait 60^2 fois inférieure si la masse M de la Terre occupait une sphère de diamètre 6oD ; au contraire, dans un diamètre 6o fois inférieur, $\frac{1}{6o}$D, la quantité de barogène contenue serait $6o^2$B.

2° Origine du rapport entre les carrés des temps et les distances parcourues par les corps en chute.

§ 49. Au moyen des surfaces des triangles $Ca\alpha$, $Cb\beta$, $Cg\gamma$,... (*fig.* 7), nous représentons les carrés des côtés Ca, Cb, Cc... Si ces côtés expriment le nombre des unités de temps écoulées depuis le commencement de la chute, les aires des triangles latéraux exprimeront les unités des distances parcourues pendant le temps écoulé. Depuis Galilée, les physiciens ne font que répéter cette comparaison qui avait la valeur d'une explication; cependant, on disait que la vitesse croît parce que, à côté de l'attraction précédente, une autre se produit; mais on ignorait pourquoi dans la chute les corps parcourent dans chaque seconde des distances qui croissent suivant une progression arithmétique des nombres impairs :

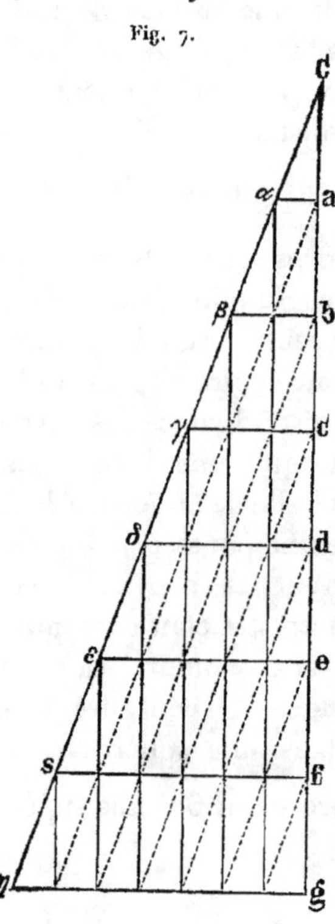

Fig. 7.

$$\dot{} \ \frac{1}{2}g, \quad \frac{3}{2}g, \quad \frac{5}{2}g, \quad \frac{7}{2}g, \quad \ldots, \quad \frac{2n+1}{2}g.$$

Pour indiquer l'espace d parcouru en τ unités de temps avec une vitesse constante, on employait la formule

$$(\alpha) \qquad\qquad d = \tau g.$$

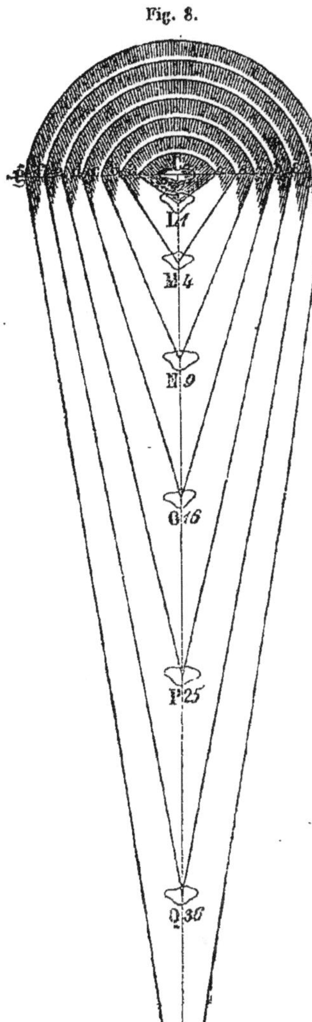

Fig. 8.

Pour indiquer l'espace e parcouru en τ unités de temps avec une vitesse croissant suivant la progression arithmétique indiquée, on employait la formule

$$(\beta) \qquad e = \frac{1}{2}\tau^2 g.$$

Comme preuves, on donnait les résultats obtenus par le calcul, lesquels correspondent exactement avec ceux obtenus par les observations.

Ici, au lieu de se limiter aux faits observés pour les exposer à l'aide de formules mathématiques, nous remontons à la cause et à l'origine des faits qui correspondent exactement aux quantités de barogène écoulé pour faire avancer le corps vers la terre, précisément comme l'eau d'un fleuve en s'écoulant fait avancer les bateaux.

Soit un corps C(*fig.* 8) à la hauteur H = CR : cette hauteur n'est pas une ligne mathématique, mais un espace de la forme d'un prisme ou d'un cylindre indiqué par le produit $H \times \Delta$ où le signe Δ représente la surface de la coupe du corps C. La quantité $a\beta$ de barogène contenue dans ce corps intercepte une égale quantité du barogène B affluant vers la Terre, et c'est ainsi que dans l'espace $e = H \times \Delta$ manque la quantité de barogène $a\beta \times H$, qui doit s'y écouler pour faire descendre le corps C jusqu'à la Terre. Après la chute du corps l'espace $e = H \times \Delta$ est occupé par la quantité $a\beta \times H$ de barogène.

Pour que le corps parcourût les espaces

$$g \times \Delta, \quad 3g\Delta, \quad 5g\Delta, \quad 7g\Delta, \quad ..., \quad (2n \pm 1)\,g\,\Delta,$$
en   1   2   3   4 n unités de temps,

il faudrait qu'il s'écoulât dans ces espaces des volumes égaux de barogène

$$V, \quad 3V, \quad 5V, \quad 7V, \quad ..., \quad (2n \pm 1)\,V.$$

Pour rendre évident le mode de l'occupation des espaces $g \times \Delta, 3g \times \Delta, 5g \times \Delta, ...,$ par les volumes

Fig. 9.

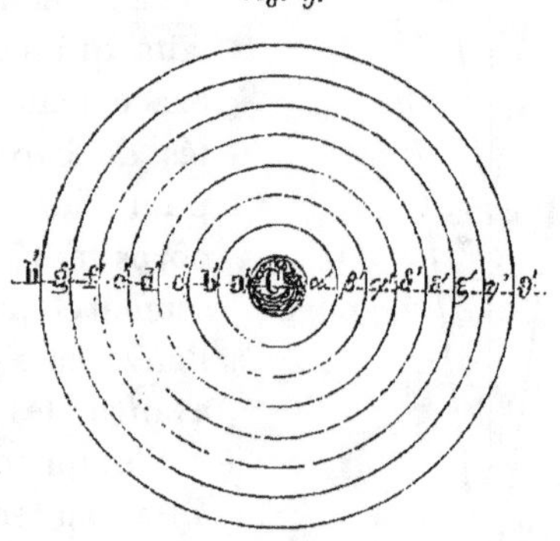

égaux $V, 3V, 5V, ...,$ de barogène, on se sert du disque $h'\theta'$ (*fig.* 9) qui est une espèce d'entonnoir destiné à conduire le barogène par l'ouverture c produite par l'é-loignement du support qui soutenait le corps C.

§ 50. MODE DE L'ÉCOULEMENT DU BAROGÈNE PENDANT LA CHUTE DES CORPS. De même que dans la lumière et dans les sons, la vitesse est invariable dans l'écoulement du barogène; dans l'entonnoir $h'\,\theta'$ le barogène afflue en chaque unité de temps en parcourant la distance

$$r = Ca = ab = \ldots = C'a' = a'b'\ldots$$

1° Pendant la première seconde de la chute, il s'écoule un volume V de barogène contenu dans le cylindre $\pi r^2 \times h$ et qui va occuper l'espace $\frac{1}{2}g\Delta = C\,L$.

2° Pendant la seconde suivante, il s'écoule un volume de barogène 3 V contenu dans l'anneau $(4\pi r^2 - \pi r^2)\,h$ formé autour du cylindre central $\pi r^2 \times h$; ce barogène 3 V s'écoule pour aller occuper l'espace $LM = \frac{3}{2}g\,\Delta$.

3° Pendant la troisième seconde il s'écoule un volume de barogène 5 V contenu dans l'anneau $(9\pi r^2 - 4\pi r^2)h$ qui est autour du cylindre évacué $b'\,\beta'$; et il va s'écouler dans l'espace $MN = \frac{5}{2}g\Delta$; et ainsi de suite.

4° A la fin de la septième seconde, il s'écoule un volume 13 V de barogène contenu dans l'anneau

$$(49\pi r^2 - 36\pi r^2)\,h;$$

ces volumes de barogène vont occuper l'espace

$$CR = \frac{13}{2}g\,\Delta.$$

§ 51. CORRESPONDANCE ENTRE L'ÉCOULEMENT DIT DU BAROGÈNE ET LA FORMULE $e = \frac{1}{2}g\tau^2$. L'espace e, parcouru par le corps en chute, est un volume $H \times \Delta$, dans lequel s'écoule le volume $n\pi r^2 \times h$ de barogène de l'entonnoir $h'\theta'$. C'est donc le même volume indiqué sous trois formes : $\frac{1}{2} g\tau^2$, $H \times \Delta$, $n\pi r^2 \times h$. En prenant dans les trois cas une égale surface τ^2, r^2, Δ, les hauteurs $\frac{1}{2}g$, $n\pi \times h$ et H seront aussi égales ; par suite la quantité $\frac{1}{2}\tau^2$ indique dans la formule $e = \frac{1}{2} g\tau^2$ une surface $Ca\,\alpha$, $Cb\,\beta$,..., $Cg\,\gamma$ triangulaire, et g indique la hauteur des prismes dans lesquels se trouve le volume du barogène écoulé. Ici τ indique combien de fois $Ca = g$ se trouve compris dans la longueur du côté Cg (*fig.* 7) ; il indique également le même nombre de fois que la longueur $a\alpha = 1$ se trouve contenue dans la longueur du côté $g\eta$. On a donc

$$e = \tau g \times \frac{1}{2}\tau,$$

qui indique un volume et non pas une ligne ; le mot *espace* n'est pas employé pour indiquer simplement la distance, il représente encore l'espace occupé par le volume de barogène écoulé.

3° *Mode de la production des trois états des corps par la pesanteur et par la chaleur.*

§ 52. Dans le principe existaient la chaleur obscure et la chaleur lumineuse, et c'est dans l'espace stellaire Π que l'électre des ondes o et O des deux sphères se trouva en égale densité pour pouvoir se combiner avec la chaleur obscure et produire l'hydrogène, et avec la chaleur lumineuse et produire l'oxygène. De ces deux éléments se trouva composé le corps central nommé *Archégète;* il contenait toute la masse de chaleur lumineuse. Ainsi, dans les éléments de l'eau entrent avec le barogène les fluides impondérables, chaleur et lumière. Tous les autres corps ne sont produits que par les changements de ces éléments, tandis que l'électre isopycne ou le barogène n'éprouve aucun changement. Les trois états des corps ne résultent même que de la quantité de chaleur qui exerce des répulsions R ou R $\pm$ r contre les éléments de chaleur contenus dans les corps mêlés avec le barogène.

L'état des corps correspond : 1° à la compression ou à la poussée P exercée sur leur barogène de la part du barogène B affluant; 2° à la poussée P — ᴘ exercée sur le barogène des corps par le barogène B — ʙ émergeant de la Terre, et 3° à la répulsion R ou R $\pm$ r exercée par la chaleur libre sur celle contenue dans les corps. De ces trois espèces de poussées, celle R ou R $\pm$ r seule change avec les températures.

La poussée P s'exerce également sur tous les corps contenus dans l'espace stellaire; la poussée P—ᴘ, émergeant de chaque corps céleste, dépend de la masse ᴍ ou du barogène ʙ contenu dans chacun de ses diamètres; pour cette raison, cette poussée est petite pour les gros corps comme le Soleil, et grande pour les petits corps comme la Lune et les comètes. Les répulsions R et R $\pm$ r, exercées par la chaleur contre celles que contiennent les éléments des corps, ne varient pas : elles sont de la même intensité pour tous les corps célestes.

Cette répulsion R ou R $\pm$ r varie avec la densité des atomes de chaleur ou avec la température; c'est ainsi qu'elle peut se trouver en trois rapports relativement aux poussées P et P — ᴘ. 1° La répulsion R — r est inférieure aux poussées P et P — ᴘ; la répulsion R est inférieure à la poussée P et supérieure à la poussée P — ᴘ; 3° la répulsion R + r est supérieure aux deux poussées P et P — ᴘ.

ᴇᴛᴀᴛ ꜱᴏʟɪᴅᴇ ᴅᴇ ʟ'ᴇᴀᴜ. Les atomes de l'eau subissent un état d'immobilité dans le cas où ils éprouvent de la part de la chaleur une répulsion R — r qui est inférieure aux deux poussées P et P — ᴘ exercées sur leur barogène *b* par le barogène B affluant et par le barogène B — в émergeant de la Terre ou d'un autre corps céleste. Cette immobilité des atomes matériels constitue la conservation des formes qu'on voit dans les monuments archéologiques, dans les potamolithes ou cailloux arrondis, et dans les fossiles des périodes géologiques.

ÉTAT LIQUIDE DE L'EAU. Les atomes de l'eau s'arrangent pour former un niveau dans le cas où ils éprouvent la répulsion R de la part de la chaleur, qui surpasse la poussée P — в produite par le barogène B — в émergeant de la Terre, et elle est inférieure à la poussée P produite par le barogène B affluant. Si on détruit le niveau, il se rétablit spontanément, parce que les atomes matériels, n'obéissant plus à la poussée P — в, peuvent se répandre horizontalement, mais ils ne peuvent pas se soulever, parce qu'ils obéissent à la poussée P.

ÉTAT VAPOREUX DE L'EAU. Les atomes d'eau cèdent à la répulsion $R + r$, qui n'est pas le résultat des atomes de chaleur, mais de ses éléments $\bar{E} + 2\bar{E}$ électriques, dont le positif $\bar{E}$ reste du côté intérieur, et les négatifs $\bar{E}$ passent sur la surface extérieure des atomes d'eau arrangés en forme de vésicules qui se repoussent mutuellement à cause des éléments négatifs $\bar{E}$ répandus sur la surface des enveloppes des vésicules ; ils y sont soutenus à l'état dissimulé par les équivalents positifs $\bar{E}$ contenus dans les vésicules vides. Dans la production de la vapeur, la chaleur se décompose, et on dit alors qu'*elle devient latente*, comme si ces mots descriptifs contenaient l'explication du fait.

1° Si les enveloppes des vésicules comprimées se brisent, les équivalents électriques $\bar{E} + 2\bar{E}$ passent de l'état d'électricité dissimulée à l'état de chaleur, et on dit alors que *la chaleur latente devient libre*, croyant que c'est en ces mots que l'explication dudit fait réside.

2° Les enveloppes liquides des vésicules se couvrent

par le refroidissement d'aspérités qui dispersent la lumière et ne la laissent pas se propager en directions rectilignes centrifuges du corps lumineux. Ainsi celui-ci devient invisible et semble une espèce de nuage dans l'espace occupé par les vésicules refroidies.

3° Si ces vésicules éprouvent un plus grand refroidissement, leur enveloppe isolée gèle, lorsqu'elles ne sont pas forcées de se condenser. C'est ainsi qu'apparaissent des ballons dont des millions, attachés les uns aux autres, forment des corps très-volumineux sans avoir un poids sensible. Ces corps possèdent le mouvement orbiculaire de leurs éléments matériels et deviennent visibles par la lumière qu'ils dispersent par leur surface bien limitée, état qui manque aux vésicules en enveloppe liquide, et c'est pour cela qu'elles paraissent alors en forme de nuages ou de nébuleuses indécomposables.

§ 53. **DIFFÉRENCE ENTRE LA VAPEUR ET LES GAZ.** Les deux éléments de l'eau, arrangés de manière à conserver à l'état d'électricité dissimulée les équivalents de la chaleur $\overset{+}{E} + 2\bar{E}$, sont des *vésicules de vapeur*. Les mêmes éléments, soutenant séparément les équivalents $\overset{+}{E}$ et $\bar{E}$ des deux électricités, sont des *gaz*.

En brisant les vésicules de la vapeur, on obtient : 1° l'eau de leurs enveloppes, et 2° les atomes de chaleur $n\overset{+}{E} + 2n\bar{E}$, produits par les équivalents qui étaient soutenus à l'état d'électricité dissimulée.

En brûlant l'hydrogène $3n\overset{+}{H}\bar{E}$ avec l'oxygène $3n\bar{O}\overset{+}{E}$, on obtient : 1° l'eau $3n\,HO$; 2° la lumière $n\overset{+}{E}{}^2\bar{E}$, et 3° la chaleur $n\overset{+}{E}\bar{E}^2$. Des physiciens français, Lavoisier, Despretz et autres, avec 1 gramme d'hydrogène brûlé avec l'oxygène pour produire de la chaleur et de la lumière, obtinrent les quantités indiquées ; Dulong, Silbermann, Favre, et plusieurs autres, en brûlant aussi 1 gramme d'hydrogène, obtinrent la chaleur $\frac{3}{2}n\overset{+}{E}\bar{E}^2$.

Les expérimentateurs que nous venons de citer n'ignoraient pas qu'il y a à Paris des magasins où on vend le gaz pour être employé à l'éclairage ou au chauffage au moyen d'appareils propres à produire beaucoup de lumière $\frac{3}{2} n \bar{E}^2 \bar{E}$ et une chaleur insignifiante, ou beaucoup de chaleur obscure $\frac{3}{2} n \bar{E} \bar{E}^2$ et une lumière insignifiante. C'est par un oubli que lesdits expérimentateurs et plusieurs autres n'avaient pas remarqué des faits si communs. Depuis l'apparition de la *Physique simplifiée*, tous les physiciens ont reconnu la différence qui existe entre la chaleur obscure et la chaleur lumineuse. Quant à la cause physique de cette différence, plusieurs croient encore qu'elle est une hypothèse, et cela parce qu'ils n'ont pas encore bien approfondi les découvertes contenues dans l'ouvrage que nous venons de citer.

VI. SÉRIES DE FAITS DIFFÉRENTS PRODUITS PAR LA FORME OVALAIRE DES CORPS PÉRIPHÉRIQUES.

§ 54. Chaque corps périphérique est constitué par une portion de la masse expulsée du corps central. La forme de cette masse à l'état de métal brûlant demi-liquide est toujours déterminée par les deux poussées inégales P, du côté de l'espace, et P — P du côté du corps central. Cette poussée inférieure P — P a donc pour résultat un soulèvement de l'hémisphère du corps, en même temps que la poussée P du côté de l'espace produit une dépression de l'autre hémisphère. Comme ces poussées inégales ne peuvent manquer chez aucun corps périphérique, la forme ovalaire est commune à tous les corps.

La poussée P est constante, tandis que l'autre P — P est en raison inverse des carrés des distances du corps central; cela fait que l'allongement du grand diamètre vers le corps central est considérable pour les corps périphériques les moins éloignés, et minime pour ceux qui sont les plus éloignés. Cette forme éprouve dans les périodes postérieures des planètes une modification voisine de la forme sphérique, sans cependant que la première s'efface complétement.

I. Les faits produits par la forme ovalaire des planètes et des satellites lumineux sont : 1° la variation de la clarté périodique ou irrégulière, et 2° la production des couleurs.

II. Les faits produits par la même forme dans le système planétaire sont : 1° l'apparition de l'aplatissement des planètes ; 2° les changements dans l'éclat, la grandeur et les couleurs des satellites et des planétoïdes ; 3° la couleur jaune de la Lune, de Mars, de Jupiter et de Saturne ; et 4° les perturbations des satellites et des planètes.

III. Les faits géologiques produits par la forme ovalaire de la Terre sont : 1° les inégalités des longueurs d'un degré des méridiens de la même latitude et les inégalités des longueurs d'un degré du même parallèle ; 2° les inégalités des nombres des oscillations du même pendule dans l'équateur ; 3° la distribution symétrique des mers et des continents.

IV. Les faits astronomiques produits par la coupe de la Terre en deux hémisphères inégaux, boréal et austral, sont : 1° la précession de la Terre et de la Lune ; 2° les avancements du périgée et du périhélie ; et 3° la nutation.

A. VARIATION DE L'ÉCLAT DES ÉTOILES ET PRODUCTION DES COULEURS
PAR LEUR FORME OVALAIRE.

§ 55. Ces deux faits, de nature différente, mais inséparables dans les étoiles périodiques, dont la couleur est rouge, servent comme preuve mathématique de la forme ovalaire. La quantité de lumière que nous en recevons correspond à l'étendue de leur surface visible. La qualité de la lumière n'éprouve aucune modification quand elle traverse une enveloppe sphérique ; mais si cette enveloppe est ovalaire, il y a réfraction des rayons vers le sommet des corps où affluent les couleurs sombres, et du côté de l'horizon où restent les couleurs claires.

1° Production d'un état périodique ou variable par la forme ovalaire.

§ 56. **ÉTOILES PÉRIODIQUES.** De la surface S de l'hémisphère H soulevé provient la quantité de lumière Φ ; de la surface s de l'hémisphère h déprimé provient la quantité φ de lumière. Ces deux hémisphères sont séparés par la périphérie P de l'horizon, qui est vertical au grand diamètre Δ, dont le prolongement passe par le corps central, parce que les étoiles périodiques n'ont pas un mouvement de rotation ; elles sont sous ce rapport comme la Lune : la surface du disque de celle-ci consiste dans l'hémisphère soulevé projeté sur l'horizon.

Si la Lune était lumineuse et si un observateur se trouvait au prolongement du plan de la périphérie P, il devrait voir continuellement la moitié de chaque hémisphère et en recevoir continuellement une égale quantité de lumière. Au contraire, si l'observateur se trouvait dans les prolongements du plan orbiculaire de la Lune, il en devrait recevoir alternativement la quantité Φ de lumière lorsque la Lune est en opposition, et la quantité φ lorsque la Lune est en conjonction.

Une autre conséquence de la forme ovalaire consiste en ce que l'éclat des extrêmes ne passe pas graduellement, mais dans une durée très-courte, surtout dans les cas où les durées des périodes sont courtes, et où les amplitudes des extrêmes éclats sont grandes. Parmi les étoiles dont les clartés sont périodiques : 1° les unes correspondent par la durée de la période à celles des courtes révolutions des satellites autour de leurs planètes ; 2° les autres, au contraire, correspondent par la durée de leurs périodes à celles des révolutions des planètes peu éloignées du Soleil.

ÉTOILES DE CLARTÉS VARIABLES. Au lieu d'un seul satellite il y en a plusieurs qui circulent autour de la même planète invisible ; et au lieu d'une seule planète il en est plusieurs qui circulent autour du même soleil invisible. Pour obtenir un extrême maximum d'éclat, il faut que tous les satellites ou toutes les planètes se trouvent à la fois en opposition. Pour obtenir un extrême minimum d'éclat, il faut que tous les satellites ou toutes les planètes se trouvent à la fois en conjonction. Attendu qu'il est impossible de séparer les planètes peu éloignées de leur soleil, ou les satellites, nos instruments ne suffisent qu'à la séparation des planètes très-éloignées de leur soleil.

2° Production de la lumière colorée de la lumière incolore par la forme ovalaire des étoiles colorées.

§ 57. La lumière primitive de la masse brûlante est incolore comme l'est celle du Soleil, dont l'enveloppe de glace étant de forme sphérique ne produit aucune réfraction des rayons, tandis que les enveloppes de forme ovalaire produisent toujours, comme les prismes de la lumière incolore, sept couleurs en un certain ordre invariable ; de sorte que la disposition des couleurs du spectre est déterminée *à priori* par la position du prisme ; et par les couleurs on détermine la position du prisme ou du corps ovalaire. Les couleurs sombres éprouvent une réfraction supérieure et prennent leurs directions vers le prolongement du grand diamètre ; du côté de l'horizon les rayons de la lumière rouge restent isolés.

4.

Pour obtenir cette lumière rouge en même temps que la lumière blanche qui est le mélange des six couleurs complémentaires avec une quantité de lumière incolore où entre le rouge, il est nécessaire qu'une quantité de rayons rouges restent séparés; ainsi, pour de telles productions du rouge, la forme ovalaire qui est nécessaire dans la production de l'éclat périodique est indispensable; car c'est alors seulement que reste visible toute la périphérie de l'horizon, ou au moins sa moitié d'où arrive la lumière rouge.

§ 58. **ABSENCE DE COULEUR BLEUE AUX ÉTOILES PÉRIODIQUES.** Pour que la lumière bleue qui est dans le prolongement du grand diamètre reste isolée, il faut que l'observateur se trouve dans la perpendiculaire du plan de l'orbite, et cela n'a lieu que dans le seul cas où la moitié de chaque hémisphère est continuellement visible. La condition de l'apparition de la couleur bleue coïncide donc avec celle de la disparition de la périodicité de l'éc at.

§ 59. **RAPPORT ENTRE LES COULEURS DES ÉTOILES ET LEUR POSITION.** Après avoir démontré la production des couleurs par la forme ovalaire et leur arrangement en rapport avec le plan de leur horizon et la direction du plan de leur orbite, sur laquelle reste le grand diamètre, il devient possible de s'assurer qu'une étoile doit paraître verte si la ligne visuelle qui unit son centre avec la Terre forme un angle de 45 degrés avec le plan de l'horizon et avec celui de son orbite; ces positions sont rares, c'est pour cela que le nombre des étoiles vertes est petit.

Les étoiles sont de trois classes : *soleils*, *planètes* et *satellites*. 1° Les soleils ont une forme ovalaire imperceptible, une dimension trop petite pour être mesurée. 2° Les planètes sont au nombre de huit dans chaque système; celles qui correspondent aux quatre planètes internes apparaissent comme une étoile de clarté variable, parce que les planètes ont une forme ovalaire, et ne tournent pas autour de leur axe. Les soleils sont incolores, les planètes sont rarement disposées pour apparaître blanches. 3° L'existence des satellites lumineux n'est établie que par les courtes durées de la périodicité de leur éclat.

B. VARIATION DES GRANDEURS ET DES CLARTÉS ET PRODUCTION DES COULEURS ET DES PERTURBATIONS PAR LA FORME OVALAIRE DES CORPS DU SYSTÈME PLANÉTAIRE.

§ 60. Ici vont être indiqués brièvement les détails de ces faits, dont il sera traité séparément dans la deuxième Partie de cet ouvrage. La rotation d'un corps ovalaire autour du diamètre de l'horizon le fait apparaître aplati quand l'observateur se trouve dans le prolongement du plan de son équateur. Mars, Jupiter et Saturne, étant ovalaires, apparaissent aplatis; Uranus est également ovalaire, mais il n'apparaît pas aplati, parce que le plan de son équateur est presque vertical à celui de la Terre, de sorte que son hémisphère soulevé reste continuellement tourné vers le Soleil et vers la Terre. Les planètes inférieures ont beaucoup perdu de leur diamètre allongé et leur aplatissement est devenu imperceptible.

Cela n'a pas eu lieu pour la Lune, les satellites et les planétoïdes, pour lesquels l'allongement du grand diamètre n'éprouva aucune diminution : c'est à cause de l'absence de rotation, qu'il n'y a pas apparition d'aplatissement. Dans la Lune il ne se manifeste non plus aucune apparition de changement de grandeur et de couleur, parce que son hémisphère visible reste toujours le même.

1° Mode de production des couleurs des planètes, des satellites et des planétoïdes.

§ 61. La lumière incolore du Soleil arrive de Vénus et de Mercure en son état normal; elle arrive jaune de la

Lune, de Jupiter et de Saturne ; rouge de Mars, et sous couleurs variables des planétoïdes et des satellites. Tout ce qui a été dit sur la production des couleurs par les enveloppes de forme ovalaire trouve ici son application. Il faut cependant remarquer que les trois planètes colorées ne le sont pas à cause de leur forme ovalaire, mais à cause de leur atmosphère composée de deux cônes ayant leur base sur l'équateur et leur sommet dans les prolongements de l'axe. Dans la Lune, les satellites et les planétoïdes qui n'ont pas une atmosphère et qui ne tournent pas, les couleurs sont produites par leur forme ovalaire.

1° **PRODUCTION DE LA COULEUR JAUNE DE LA LUNE.** Le sommet de l'hémisphère soulevé et le grand diamètre qui y passe prolongé rencontrent le centre terrestre. La surface de la Lune n'est pas unie, mais couverte d'espèces de remparts composés de grosses plaques de glace superposées autour des vastes cratères dont elles couvraient la surface, comme cela va être exposé dans tous les détails. Les rayons solaires éprouvent dans les fragments de glace des réfractions vers le sommet de l'hémisphère soulevé, et les rayons des couleurs claires, qui arrivent séparément, restent du côté de l'horizon, tandis que les couleurs complémentaires mêlées entre elles et avec une grande quantité de lumière incolore forment un blanc mat. Le sentiment de ce blanc, mêlé au sentiment du jaune séparé, est la cause qui fait apparaître la Lune jaune pâle.

2° **PRODUCTION DES DIFFÉRENTES COULEURS DES SATELLITES.** Un observateur placé dans le prolongement du plan de l'horizon ou du disque de la Lune la verrait bleue à cause des rayons de cette couleur, qui sont isolés du côté de son sommet dans cette position ; mais dans celle où se trouve la Terre sous l'angle 45 degrés, la Lune aurait dû présenter la couleur verte.

Les satellites, en circulant autour de leur planète, se trouvent dans leurs oppositions vers la Terre, comme l'est toujours la Lune; mais, éloigné de leur opposition, le plan de leur horizon passe par la Terre, et c'est ainsi que leur couleur change.

3° **PRODUCTION DES COULEURS DES PLANÉTOIDES.** Le plan horizontal de ces corps ovalaires ne passe jamais par la Terre; pour cette raison l'apparition de la couleur bleue est impossible.

4° **PRODUCTION DE LA COULEUR ROUGE DE MARS.** La lumière incolore ou blanche dispersée de la surface de la planète pénètre l'enveloppe conique aérienne pour arriver à la Terre; il y a donc réfraction des rayons vers les deux pôles, réfractions dans lesquelles se trouvent mêlées les couleurs sombres, et les couleurs claires, qui déterminent la couleur rouge, restent isolées du côté de l'équateur.

Il y a entre l'équateur et les pôles, dans chaque hémisphère, une périphérie dans laquelle arrivent les rayons de la planète verticalement à la surface de chaque aérocône, et ces rayons sont ceux qui, n'éprouvant aucune réfraction et restant incolores, font apparaître blanche la partie correspondante de l'hémisphère de la planète.

5° **PRODUCTION DE LA COULEUR JAUNE DE JUPITER ET DE SATURNE.** De même que la couleur rouge de Mars, la couleur jaune de ces deux planètes plus éloignées est produite par leur atmosphère composée de deux aérocônes.

2° Mode de production des grandeurs différentes des satellites et des planétoïdes.

§. 62. Dans les corps ovalaires non lumineux, il arrive du Soleil une plus grande quantité de lumière lorsqu'il leur éclaircit une plus grande surface, et cela a lieu lorsque le plan de l'horizon passe par le Soleil. Pour qu'il arrive à la Terre une quantité supérieure de lumière d'un satellite, le plan de son horizon doit également passer par la Terre. Toutefois cette quantité de lumière dépend en même temps de la position du Soleil relativement à l'inclinaison de la surface réfléchissante. Par exemple, lorsque la Terre et le Soleil, avant une conjonction, sont du côté de l'horizon, les rayons se réfléchissent en grande partie vers la planète et il n'en arrive à la Terre qu'un petit nombre. Les détails des clartés des satellites de Jupiter s'arrangent d'une manière qui permet de déterminer assez exactement la forme de chacun d'eux.

Les couleurs, les grandeurs et les clartés éprouvent dans les planétoïdes des variations qui correspondent à la grandeur de la surface visible et à la quantité de lumière réfléchie vers la Terre. La forme des planétoïdes est moins allongée que celle des satellites, mais leur surface est unie et non pas inégale comme celle de la Lune et des satellites. Le poids de tous les planétoïdes ensemble n'égale pas celui d'un satellite, tandis que leur volume est mille fois supérieur. Cet objet va être traité dans la Partie suivante, et l'origine des perturbations sera indiquée plus loin.

C. Faits géologiques produits par la forme ovalaire de la Terre.

§ 63. La forme ovalaire de la Terre se manifeste de quatre manières différentes : 1° dans la distribution des continents et des fonds des mers ; 2° dans les pentes des surfaces des continents ; 3° dans les inégales longueurs d'un degré des méridiens de même latitude et dans les inégales longueurs d'un degré du même parallèle de longitude différente ; 4° dans les pesanteurs différentes sur les longitudes de l'équateur.

§ 64. I. **Rapport entre le centre de gravité de la Terre et la distribution des mers et des continents.** Le centre de gravité d'un corps ovalaire se trouve éloigné de son sommet et de son horizon, qui est la circonférence séparant les deux hémisphères; au contraire, il se trouve peu éloigné de l'hémisphère déprimé et de la zone qui est entre l'horizon et le sommet. A cause de la forme ovalaire de la Terre, les fonds des mers sont les parties les moins éloignées du centre de gravité, et les continents occupent les parties de la surface les plus éloignées de ce centre.

FOND DES MERS. L'océan Pacifique occupe l'hémisphère déprimé de la Terre; le bassin Caspien et les océans Indien et Atlantique occupent la zone qui sépare l'horizon du sommet de l'hémisphère soulevé. Des soulèvements volcaniques ont séparé l'océan Caspien 1° du golfe Persique de l'océan Indien, et 2° de la mer Baltique de l'océan Atlantique. De la surface de la mer Caspienne se dégage, pendant les heures chaudes des journées d'été, toute la quantité d'eau amenée par les fleuves pendant toute l'année. Cette masse énorme d'eau s'éloigne de la mer, non pas sous forme de vapeur, mais sous forme d'air conduit par des vents divergents pendant les heures chaudes du jour. C'est cette cause physique qui a rétréci la grande superficie de l'océan Caspien en celle de la mer Caspienne actuelle, et le fond ancien de l'océan, restant au-dessous du niveau des océans ambiants, se trouve uni avec l'Asie et l'Europe.

CONTINENTS ET LEUR DISTRIBUTION. Le grand diamètre de la forme ovalaire de la Terre passe par le milieu de l'océan Pacifique et par la Libye d'Afrique. Dans la circonférence ou l'horizon qui sépare les deux hémisphères se trouvent l'Amérique du Sud, l'Amérique du Nord, l'Asie et l'Australie; au milieu de l'hémisphère soulevé se trouvent l'Afrique et l'Europe.

De même que les soulèvements volcaniques séparèrent le fond de l'océan Caspien de ceux des deux océans voisins, de même les courants sous-marins séparèrent l'Australie de l'Asie et de l'Amérique. Dans un cas se trouve interrompue la continuité des fonds des trois océans de la zone intercontinentale, et dans l'autre se trouve interrompue la continuité de la périphérie continentale.

§ 65. II. **RAPPORT ENTRE LES PENTES DES CONTINENTS ET LA FORME OVALAIRE DE LA TERRE.** Pour passer de l'horizon dans l'hémisphère soulevé, la pente est douce comme celle qui va du sommet vers l'horizon; au contraire, la pente qui va de l'horizon à l'hémisphère déprimé est rapide. Cette règle géométrique trouve son application sur les pentes rapides des quatre continents vers l'océan Pacifique; toutes les pentes, au contraire, qui descendent des six continents dans les trois autres océans, sont douces.

§ 66. III. **RAPPORTS ENTRE LES LONGUEURS D'UN DEGRÉ ET LA FORME OVALAIRE DE LA TERRE.** Faisant le tour de la Terre par les quatre continents qui ne coïncident pas avec les méridiens, on ne trouve que des différences médiocres entre les longueurs de 1 degré de ces méridiens. Au contraire, en faisant le tour suivant le méridien qui passe par la Libye, les différences sont très-grandes entre les longueurs de 1 degré. Les plus petites longueurs sont en Libye, puis dans l'Inde et en Amérique, tandis que les plus grandes se trouvent en Italie et en Laponie, c'est-à-dire dans les régions où l'élévation de l'hémisphère soulevé est médiocre. On sait que d'abord, par le calcul fait sur les longueurs des degrés du méridien qui passe par Paris, les observateurs géographes ont été conduits à reconnaître pour la Terre une forme aplatie analogue à celle que les astronomes admettaient pour les planètes; mais ensuite on révoqua en doute cette opinion pour la forme de la Terre, parce que nulle part les résultats calculés des longueurs des degrés avec les longueurs observées ne se trouvèrent en accord, et cela aussi bien pour les degrés des méridiens que pour ceux des parallèles.

§ 67. IV. **RAPPORT ENTRE LES LONGUEURS DU PENDULE ET LA FORME OVALAIRE DE LA TERRE.** Dans la troisième Partie de cet ouvrage nous traiterons du mode de formation de l'intérieur de la Terre, d'où il résulte que sa densité est plus grande dans la direction de son axe que dans celle de son équateur, ce qui prouve que la densité de la Terre étant égale dans le plan équatorial dont la coupe n'est pas une périphérie $c'\,\mathrm{N}\,d'$ (*fig.* 10), mais un ovale $g\,\mathrm{N}\,h\,\mathrm{O}$,

Fig. 10.

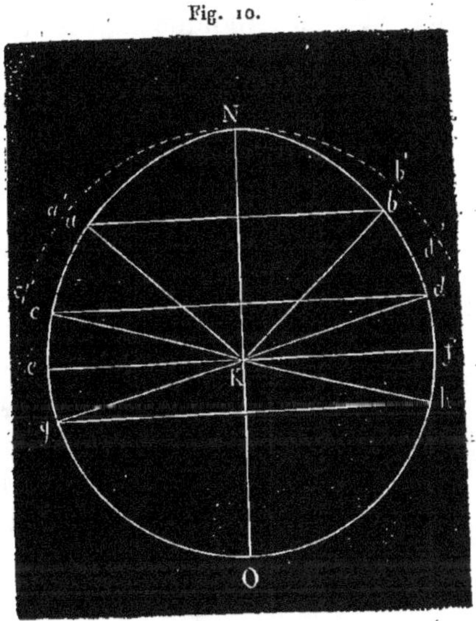

les longueurs du pendule correspondent à celles des diamètres NO et ef.

Les pays qui sont autour de la Libye et autour des îles basses de l'océan Pacifique présentent un excédant de poids qui correspond à une couche de masse terrestre de 550 mètres. Au contraire, les pays d'Amérique et d'Asie qui se trouvent autour du diamètre ef de l'équateur présentent un déficit de poids évalué à une couche de masse terrestre de 455 mètres d'épaisseur.

De ces deux résultats on tire une preuve directe qui conduit à reconnaître que le diamètre NO de l'équateur est de 1005 mètres plus long que son diamètre *ef*. Une si petite différence serait impossible à déterminer au moyen des mesures géodésiques. Il serait encore moins possible par cette voie de prouver que, des deux hémisphères séparés par l'équateur terrestre, l'hémisphère nord est plus grand et plus pesant que l'hémisphère sud. Même au moyen du pendule on ne peut pas obtenir cette différence, car il indique la quantité *m* de masse contenue dans le diamètre terrestre qui passe par le pendule ; or, chaque diamètre a une moitié située dans l'hémisphère boréal, au nord de l'équateur, et son autre moitié est située dans l'hémisphère austral, au sud de l'équateur.

La Terre se trouve en rapport différent avec le Soleil et avec la Lune, ayant un hémisphère plus pesant que l'autre. Il est donc déjà connu *à priori* que le sommet de la Terre ovalaire étant en Libye, au nord de l'équateur, dans le tropique, l'hémisphère boréal est plus pesant que l'hémisphère austral. Donc : 1° dans la chute de la Terre vers le Soleil, l'hémisphère boréal avancera, et 2° dans la chute de la Lune vers la Terre, l'hémisphère boréal de la Terre avancera vers la Lune, et celle-ci avancera vers l'hémisphère boréal de la Terre.

D. Faits astronomiques provenant de la forme ovalaire de la Terre.

§ 68. En circulant autour du Soleil, la Terre a son hémisphère boréal d'un côté de ce corps pendant six mois, et son hémisphère austral pendant les six autres mois. La Lune, en circulant autour de la Terre, est pendant deux semaines du côté de son hémisphère boréal, et durant deux autres du côté de son hémisphère austral. Si

les deux hémisphères de la Terre étaient égaux, le paral-
lélisme de l'axe terrestre pendant sa circulation autour
du Soleil et pendant la circulation de la Lune autour de
la Terre serait resté invariable. Si, au contraire, le poids
d'un hémisphère est plus grand que celui de l'autre, la
chute de l'hémisphère le plus pesant vers le Soleil sera
accélérée, et la chute de la Lune vers cet hémisphère et
en même temps la chute de celui-ci vers la Lune sera
également accélérée.

D'une telle inégalité entre les deux hémisphères terrestres résultent deux séries de faits correspondant :
1° l'une au mouvement de la Terre, et 2° l'autre au mouvement de la Lune.

§ 69. I. **rapport entre l'inégalité des deux hémisphères de la terre et son mouvement autour du soleil.** Tout se réduit à une accélération de la chute de
l'hémisphère le plus pesant, mais de cette accélération
résultent les trois faits suivants : 1° oscillation de l'axe
terrestre ; 2° déplacement du plan équatorial qui y correspond, et 3° accroissement de mouvement. Ces trois
faits ont été découverts par l'observation, et ils portent
les noms de *nutation, précession, avancement du périhélie.*

1°. **nutation.** La chute de l'hémisphère boréal vers le
Soleil est plus rapide que celle de l'hémisphère austral ;
mais comme la Terre est pendant six mois d'un côté du
Soleil, son axe décrit en un sens un arc de $0'',55$; durant les six autres mois la Terre se trouve dans les autres extrémités des diamètres de l'écliptique, et la chute
accélérée de l'hémisphère boréal fait décrire à l'axe terrestre, dans la voûte céleste, un arc de $0'',55$ en sens
contraire.

2° **précession.** Le produit de la chute de l'excédant π
du poids de l'hémisphère boréal n'est pas anéanti ; mais il
se répète tous les ans pendant la révolution de la Terre
autour du Soleil. L'effet de la nutation ou le déplace-

ment de l'axe terrestre est inséparable de celui du plan
de l'équateur qui va couper l'écliptique en un point rétrograde par rapport au mouvement de la Terre autour
du Soleil. Les points de rencontre de la périphérie de
l'équateur avec celle de l'écliptique dans la voûte céleste
sont nommés *nœuds* (1). Le Soleil et la Terre, les jours
d'équinoxe, se trouvent sur la ligne qui unit les nœuds.
Pour déterminer les longitudes célestes, un ancien astronome, Timocharis, employa le nœud de l'équinoxe
du printemps; 150 ans après, Hipparque trouva ce
nœud déplacé de 2 degrés. Ainsi, dans l'espace de
25 600 ans, les nœuds, en reculant, décrivent une périphérie composée des 51 200 petits arcs correspondant :
1° aux oscillations de l'axe, et 2° à la quantité de mouvement de la chute du poids π.

3° **AVANCEMENT DU PÉRIHÉLIE.** La quantité du mouvement
de la chute de ce poids π se manifeste clairement dans
la circulation de la Terre autour du Soleil, car c'est son
accumulation qui fait avancer le périhélie pour déterminer sa révolution tropique en 21 000 ans.

§ 70. II. **RAPPORT ENTRE L'INÉGALITÉ DES DEUX HÉMI-
SPHÈRES DE LA TERRE ET LE MOUVEMENT DE LA LUNE.** La
Lune, qui ne tourne pas, n'a ni axe ni équateur; elle
n'éprouve qu'une accélération de chute vers l'hémisphère boréal de la Terre, accélération qui produit : 1° le
déplacement rétrograde des nœuds, et 2° l'avancement
du périgée. Chacun de ces déplacements décrit une périphérie composée d'un grand nombre d'arcs.

PRÉCESSION DES NŒUDS DE LA LUNE. La chute accélérée
de la Lune vers l'hémisphère boréal terrestre produit un
déplacement de cet hémisphère qui entraîne le plan
équatorial terrestre et son axe; de sorte qu'en l'espace

---

(1) Les termes techniques et leur explication sont contenus dans la
quatrième Partie de cet ouvrage.

de 18 ans 218 jours et 21 heures il s'accomplit : 1° une révolution des nœuds de l'orbite de la Lune avec l'équateur, et 2° une période de la courbe décrite dans la voûte céleste par le prolongement de l'axe terrestre; cette courbe est une ellipse dont le grand axe est $9'',23$.

AVANCEMENT DU PÉRIGÉE. La quantité de mouvement produite par la chute de la Lune vers l'hémisphère boréal terrestre fait avancer le périgée de 40 degrés par an ; ainsi une révolution s'accomplit en 9 ans.

VII. DE LA MESURE DE LA DENSITÉ DE LA TERRE.

§ **71.** Ce sujet va être traité en détail dans la troisième Partie de cet ouvrage; j'en fait ici une courte mention pour prouver qu'il n'existe aucun fait provenant d'attraction, et que l'ensemble des faits résulte des deux poussées contraires et inégales. La mesure de la différence **p** entre les deux poussées P et P — **p** est la longueur $\frac{1}{2}g = 4^{m},9044$, parcourue par les corps dans leur chute pendant la première seconde sur la surface de la Terre. Les corps parcourent cette longueur parce qu'il y a absence de barogène $b \times$ H, celui-ci se trouvant intercepté par le barogène b du corps, comme l'est la lumière dans l'espace ombragé.

La durée τ, nécessaire pour qu'une longueur ou une hauteur $\frac{1}{2}g$ soit parcourue, dépend de la poussée $\mathbf{p} = \mathrm{P} - (\mathrm{P} - \mathbf{p})$, et cette poussée **p** correspond à la quantité **b** de barogène contenue, non pas dans toute la Terre, mais dans ses diamètres qui passent par le corps C (*fig.* 5), après s'être croisés au centre de la Terre C', pour former les cônes BC'A et B'C'A' ou B"C'A".

Si la quantité de barogène **b** et **b** $+ \lambda$ est différente dans deux diamètres terrestres D et D', il y aura différentes poussées p et $p + \lambda$ dans les corps qui se trouvent aux extrémités de ces diamètres.

La quantité de barogène b ou $b + \lambda$ peut être contenue dans chaque longueur ; il n'y aura que des intensités différentes Δ et $\Delta + \delta$, car on a

$$(\alpha) \qquad b = L \times \Delta \quad \text{et} \quad b + \lambda = L\,(\Delta + \delta).$$

Si la densité est la même, les longueurs doivent différer pour que différentes quantités de masse ou de barogène b y soient contenues.

$$(\beta) \quad \left\{ \begin{aligned} & b = L \times \Delta \quad \text{et} \quad b + \lambda = \Delta\,(L + l) \\ \text{ou }\ & b = \Delta \times L \quad \text{et} \quad b + \lambda = \Delta' \times L'. \end{aligned} \right.$$

La même quantité de barogène b peut être contenue dans deux longueurs différentes, de deux densités différentes.

$$(\gamma) \quad \left\{ \begin{aligned} & b = L\,(\Delta + \delta) = \Delta\,(L + l); \\ & \text{d'où l'on tire } L : \Delta = (L + l) : (\Delta + \delta). \end{aligned} \right.$$

La poussée p provenant du barogène b contenu dans chaque diamètre est en raison directe, 1° avec l'intensité de la pesanteur qui a g pour mesure, et 2° avec le poids π de la masse totale M du corps ; la même poussée ou l'intensité g est en raison inverse avec le volume V sous lequel est contenue la masse $M = V \times \Delta$.

$$(\delta) \qquad \Pi = Mg = g \times V \times \Delta.$$

§ 72. **COMPARAISON ENTRE LES INTENSITÉS DE LA PESANTEUR ET LES MASSES.** Le plomb p (*fig.* 11) détermine dans le fil qui le soutient une direction dont le prolongement atteint le zénith dans la voûte céleste z. Ce plomb, étant à côté d'une montagne M, dévie de la direction verticale et va à p' pour former un angle $p'ap = zaz' = \gamma$, qui peut être déterminé avec une grande exactitude par l'arc zz' dans la voûte céleste. Le plomb éprouve une poussée g vers la Terre et une autre g' vers la montagne; les intensités sont données par la longueur $ap'' = \cos\gamma$ et $p''p' = \sin\gamma$.

Fig. 11.

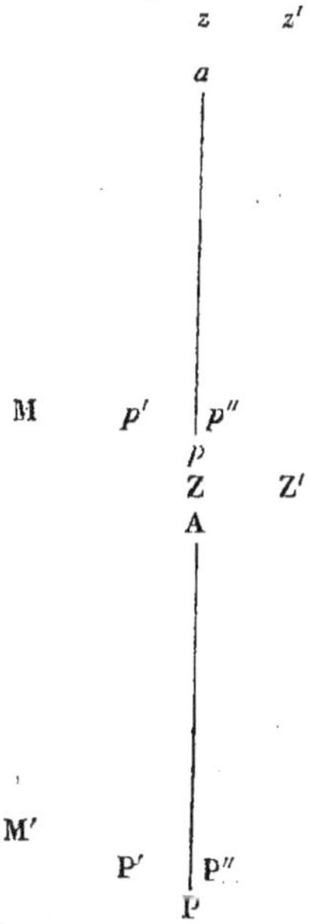

Si l'on apporte le plomb à côté d'une autre montagne M' plus épaisse, le plomb dévie davantage et il en résulte l'angle $P'AP = ZAZ' = \Gamma$. Le plomb éprouve la même poussée g vers la Terre et une autre g'' vers la montagne M'. Les intensités de ces poussées sont données par les longueurs $P''P' = \sin\Gamma$ et $p''A = \cos\Gamma$.

Le rapport entre les épaisseurs e et E des montagnes M et M' composées de masses minérales de densités égales sera celui qui existe entre les $\sin\gamma$ et $\sin\Gamma$ ou

$$(\varepsilon) \qquad e : E = \sin\gamma : \sin\Gamma.$$

On obtient des résultats analogues en employant à la place des masses des montagnes M, M' celles des corps C et c dont on connaît le poids, la forme et le volume. Au lieu d'observer la déviation du plomb vers chacun de ces corps qui sont moins grands que les montagnes, on observe les durées des oscillations du pendule horizontal suspendu à un fil mince de métal. Le même pendule termine une oscillation tout près du corps C en un espace de temps t, et tout près du petit corps c en un espace de temps T. Les carrés de ces espaces de temps sont entre eux en raison inverse des intensités g', g'' des pesanteurs et en raison directe des longueurs F, f des fléaux qui soutiennent les pendules :

$$(\zeta) \quad T^2 = \frac{f}{g'}, \quad t^2 = \frac{F}{g''}; \quad T = t, \quad \text{d'où} \quad f : F = g' : g''.$$

On obtient $T = t$ en augmentant la longueur L du fléau F du pendule qui oscille tout près du gros corps C, et c'est ainsi qu'on peut déterminer la densité de l'un de ces deux corps, connaissant sa forme et son volume V. Les intensités g', g'' de la pesanteur étant dans le rapport trouvé f : F, les quantités de barogène b, b' contenues dans les diamètres d, d' des deux corps C, c sont dans le même rapport. Des formules (β) on tire

$$b = \text{L} \times \Delta, \quad b' = \text{L}' \times \Delta' \quad \text{ou} \quad b = d \times \Delta, \quad b' = d' \times \Delta',$$

en indiquant par d et d' les diamètres des corps C et c qui sont connus, parce que leur forme et leurs volumes V, v' sont connus. Ainsi est déterminée la densité Δ d'un corps, celle Δ' de l'autre étant connue.

$$(\eta) \quad b : b' = g' : g'' = d \times \Delta : d' \times \Delta', \quad \Delta = \frac{g'}{g''} \times \frac{d'}{d} \times \Delta'.$$

§ 73. **MESURE DE LA DENSITÉ DE LA TERRE.** Les deux méthodes indiquées conduisent à des résultats concordants; des résultats pareils sont obtenus : 1° dans les cas où l'intensité de pesanteur g' d'une montagne M est comparée, non pas à celle g'' d'une autre montagne M', mais à celle g de la Terre ; et 2° dans les cas où on compare l'intensité de pesanteur G' d'un corps c, non pas à celle G'' d'un autre corps C, mais à celle g de la Terre.

1° Dans la comparaison des pesanteurs g', g'' produites par les deux montagnes M, M', le rapport entre elles a été déterminé par le rapport $\sin \gamma$: $\sin \Gamma$; 2° dans la comparaison de la pesanteur g' de la montagne M avec celle g de la Terre, le rapport est déterminé par celui qui existe entre les $\sin \gamma$ et $\cos \gamma$ ou

$$(\theta) \qquad g : g' = \cos \gamma : \sin \gamma.$$

1° Dans la comparaison des pesanteurs G', G'' produites par les deux corps sphériques c et C, le rapport entre elles a été déterminé par les longueurs F, f des fléaux dont les oscillations s'opèrent en un même espace de temps t. En conséquence, à la place de l'un des fléaux, on emploie un pendule dont la longueur donne des oscillations de la durée T connue. Dans la comparaison de la longueur f du fléau qui correspond à la pesanteur g' avec la longueur H du pendule qui correspond à la pesanteur g de la Terre, on détermine le rapport $g : g'$ entre les intensités des pesanteurs par le rapport $H : f$ entre les longueurs des pendules, et on a

$$(1) \qquad g : g' = H : f.$$

§ 74. LA PESANTEUR DE LA TERRE EST-ELLE LE RÉSULTAT D'UNE ATTRACTION OU D'UNE POUSSÉE? Par les résultats obtenus pour les pesanteurs des montagnes M et M' ou pour leurs intensités g', g'', il devient évident que les longueurs des montagnes ne doivent pas être prises en considération; cela a même été démontré : 1° par Maskelyne pour le mont Shehallien, en Écosse, mont complétement isolé; et 2° par Carlini pour le mont Cenis, uni des deux côtés avec la chaîne des Alpes.

En opérant avec le fléau horizontal, non pas comme Cavendish, Reich, Bayley, à côté des masses en forme sphérique, mais à côté des masses : 1° en forme pyramidale, comme l'est le mont Shehallien; et 2° en forme prismatique, comme l'est le mont Cenis, il devient évident que la longueur n'entre pour rien dans le résultat de l'intensité de la poussée, parce que la durée de chaque oscillation ne change pas par l'allongement de la masse des deux extrémités du prisme. Ainsi, pour sauver l'hypothèse de l'attraction, il n'est aucunement possible de l'admettre provenant du centre de la Terre comme si toute la masse y était accumulée. Cette hypothèse de concentration a été admise à cause des faits qui résultent des poussées faibles P — P exercées sur les corps du barogène B — в qui émerge suivant les directions des diamètres qui se croisent dans le centre de la Terre pour y former les cônes AC′B = A′C′ B′ (*fig.* 5).

§ 75. **DIFFÉRENCE ENTRE LE POIDS SPÉCIFIQUE ET L'INTENSITÉ DE LA PESANTEUR.** Si la masse M de la Terre est contenue dans une sphère de double rayon, son poids spécifique sera huit fois inférieur, tandis que la pesanteur sur sa surface sera quatre fois inférieure. La cause en est que les molécules matérielles contenues dans le rayon R sont en ce cas en quantité huit fois inférieure, mais dans le double rayon 2R se trouve une double quantité de molécules. Par suite, ces molécules $2q$ sont d'une quantité quatre fois inférieure à celles $8q$ contenues dans un rayon R, lorsque le volume est huit fois inférieur. Ainsi, il est encore une fois prouvé que la pesanteur sur chaque partie de la surface terrestre correspond à la quantité de barogène в contenue dans les diamètres qui passent par cette partie.

VIII. ORIGINE DE LA SCINTILLATION ET VISIBILITÉ DES CORPS OBSCURS.

§ 76. Après avoir déterminé la distance d entre l'objectif et l'oculaire d'un télescope qui conduit au nerf optique le foyer d'une étoile e de la distance D exactement, si en cet état on dirige le télescope vers une autre étoile $e′$ de distance supérieure D + D′, dont le foyer tombe au delà du nerf, cette étoile $e′$ n'est pas visible. Cependant, en tenant continuellement l'œil fixé à l'oculaire, on voit à des intervalles différents passer des éclats d'une durée imperceptible. Ce fait mille fois répété se manifeste mieux lorsque l'étoile $e′$ présente une scintillation très-vive.

Il est évident que les éclats ainsi aperçus sont des rayons qui partent des corps passant devant le télescope dans la distance D ; et comme il y manque des corps lumineux, ce sont des corps obscurs que réfléchissent les rayons des étoiles lumineuses arrivant sur leur surface. Lors donc que quelqu'un de ces rayons tombe sur l'objectif, nous apercevons pour un instant une clarté.

Après avoir arrangé le télescope pour la distance $D + D'$ de l'étoile éloignée e', les même corps obscurs, en passant entre l'étoile et l'œil, interceptent une partie φ de sa lumière normale Φ et laissent arriver à l'œil la différence $\Phi - \varphi$. La partie φ de lumière interceptée ne varie pas seulement en quantité pour produire différents degrés d'affaiblissement de la clarté normale Φ; mais encore il arrive que la lumière incolore n'est pas interceptée, mais seulement quelques-uns de ses éléments, ou quelques couleurs, et les couleurs qui sont leurs complémentaires arrivent à l'œil.

La scintillation se réduit à l'interception de quelques rayons venant d'une étoile lumineuse; la clarté de l'étoile peut diminuer jusqu'au degré d'une disparition totale. A cause de la forme ovalaire des étoiles obscures, les rayons éprouvent des réfractions prismatiques et arrivent à l'œil en couleurs du spectre, d'une durée imperceptible, à cause du mouvement rapide de ces corps obscurs dont l'existence est incontestable. Ces corps ainsi déterminés diffèrent par leur poids insignifiant de ceux qu'on peut découvrir par les effets de la pesanteur observés dans les corps lumineux.

IX. SUBDIVISION DES MATIÈRES DANS CET OUVRAGE.

§ 77. Sur la Terre nous connaissons la pesanteur des corps, qui est une propriété commune à tous les corps célestes; j'ai prouvé dans la *Physique* que de l'eau et de la chaleur lumineuse solaire provient l'air des mers qui se combine sur les continents pour produire les pluies, dont l'eau est transformée par les plantes en carbone ou en substances végétales. Ces substances sont transformées par les animaux en substances minérales, dont les éléments, entraînés par les courants thermo-électriques terrestres, s'arrangèrent et s'arrangent pour constituer l'ensemble des corps terrestres.

Dans le principe la Terre consistait en deux éléments d'eau : ces éléments et la chaleur solaire ont donc produit les corps terrestres. A cause de la production de ces corps, la diminution de l'eau et l'augmentation de la masse solide continuent. Ainsi, l'état actuel de la Terre n'est pas un état perpétuel, mais un état précaire, comme l'ont été tous ceux qui ont précédé, car aux pays où nous vivons, il y a quelques milliers de siècles, l'homme et les animaux actuels manquaient, et des animaux qui manquent actuellement vivaient.

Il est prouvé ici que l'étude des états des sept autres planètes conduit à reconnaître qu'à différentes époques Mercure se trouva dans l'état qu'ont actuellement les sept autres planètes, et il est parvenu à un état permanent et invariable qui résulte de la transformation de toute la masse d'eau en masse minérale. Vénus a été comme les six planètes les plus éloignées du Soleil, et elle va subir le sort de Mercure. La Terre a été aussi, à différentes époques, comme les cinq planètes supérieures, et elle va devenir comme les deux planètes inférieures.

Des systèmes des corps célestes c'est notre système planétaire que nous connaissons le mieux ; l'état actuel de ces corps est précaire et non pas perpétuel, car à différentes époques il a été ce qu'est actuellement le plus grand nombre des systèmes planétaires qui existent dans l'espace et qui diffèrent entre eux suivant leurs âges respectifs, et du nôtre en ce que les planètes sont lumineuses et leur soleil invisible.

De même que les satellites ont pour corps central une planète, les planètes ont pour corps central un soleil; de même les soleils ont pour corps central un astre, et enfin les astres ont pour corps central l'Archégète. Ainsi il y a :

1° Un seul système astral composé de milliers d'astres qui circulent dans neuf espaces annulaires autour de l'Archégète, qui est le seul corps central sans être périphérique.

2° Il y a autant de systèmes solaires qu'il y a d'astres ; autour de chaque astre circulent ses soleils dans neuf espaces annulaires. L'astre autour duquel circule notre Soleil avec des milliers d'autres est invisible. Cet astre, nommé *Hélioagète* (ἥλιος, soleil; ἀγέτης, conducteur), entouré d'amas de vapeur, constitue la partie la plus vaste et la plus claire de la Voie lactée.

3° Il y a des systèmes planétaires où les planètes sont lumineuses; dans tous ces systèmes le soleil est invisible, non pas à cause de l'absence de chaleur lumineuse, mais à cause des couches épaisses de vapeurs opaques qui dispersent leur lumière dans toutes les directions. Sont visibles seulement : 1° les soleils qui n'ont pas encore expulsé une masse brûlante qui apparaît dans l'espace comme une étoile nouvelle, et 2° les soleils dont les planètes sont devenues obscures, comme celles de notre Soleil.

4° Il y a des systèmes de satellites où les satellites sont lumineux et leur planète invisible, à cause de la couche de vapeurs qui l'enveloppe, de même qu'une autre couche de vapeur opaque plus épaisse enveloppe leur soleil. Celui-ci ne devient visible que par la disparition de la couche de vapeur, car elle devient, par le refroidissement, une enveloppe solide de glace transparente. Cependant, pour un tel refroidissement, il faut un laps de temps pendant lequel se consume toute la chaleur lumineuse des planètes et de leurs satellites, comme cela a lieu pour les corps de notre système planétaire, où les satellites, par opposition à l'Archégète, forment chacun un corps périphérique, sans pouvoir devenir corps central.

Dans l'exposition des faits de ces quatre classes de corps célestes, il a fallu suivre l'ordre de leur production, qui est en même temps leur ordre chronologique.

I. La première Partie contient : 1° le seul système astral, composé de milliers d'astres qui circulent dans neuf espaces annulaires autour de l'Archégète, et 2° le système solaire, composé de milliers de soleils qui circulent dans neuf espaces annulaires autour de l'astre invisible l'*Héliongète.*

II. La deuxième Partie contient le système planétaire et le mode de production des comètes qui n'existaient pas précédemment.

III. Toutes les séries de faits qui ont été produits sur la Terre depuis l'extinction totale de sa chaleur lumineuse sont exposées dans la troisième Partie.

IV. C'est dans la quatrième Partie que j'explique les termes astronomiques employés dans l'ouvrage, de sorte que le lecteur peut les chercher chaque fois qu'il en a besoin.

La *Physique céleste* ne contient pas, comme les ouvrages astronomiques, les descriptions d'un amas amorphe de faits isolés, mais on y voit que toutes les séries de faits différents ont une commune origine, où l'infini se présente sous trois états : **PYCNOÉLECTRE, ARÉOÉLECTRE, MOUVEMENT.**

DE LA VIE ASTRONOMIQUE DU SYSTÈME SOLAIRE ET DES SYSTÈMES PLANÉTAIRES.

§ 78. La vie astronomique commence par l'expulsion d'une bande de masse dense et brûlante par un corps central; de telles bandes, expulsées des soleils par intervalles séculaires, se présentent avec un maximum d'éclat à un point où précédemment rien n'était visible. La couche superficielle des molécules matérielles devient, en un espace de trois semaines, une couche de vapeur opaque qui disperse une quantité d'atomes de lumière, et au lieu de la lumière précédente Φ, une quantité inférieure $\Phi - \varphi$ commence à arriver à la Terre.

L'accroissement d'épaisseur de la vapeur opaque fait croître la quantité φ des atomes de lumière dispersée et diminuer celle φ' qui arrive à la Terre. L'éclat de la masse diminue graduellement jusqu'au point de ne plus être que des filets d'atomes de lumière insuffisants pour produire un sentiment, car c'est en cela que consiste la disparition de la bande brûlante. Lorsque ce mode de production du fait observé était inconnu, les astronomes se bornaient à une simple description des faits; car toutes les hypothèses émises pour donner une explication de ces faits ont été très-facilement réfutées par Arago, qui a rendu évidente la profonde ignorance des astronomes au sujet des étoiles temporaires.

Nous allons exposer que, sans que rien se perde de la masse M expulsée, c'est la quantité de sa chaleur lumineuse $\Theta\Phi$ qui diminue en se répandant dans l'espace, précisément comme cela a lieu pour une masse très-grande de métal en fusion exposée au froid. Il y a au commencement une couche de vapeur qui disperse une quantité d'atomes de lumière; il se forme ensuite une couche solide qui laisse pénétrer les atomes de chaleur lumineuse sans les disperser. La dispersion de la chaleur lumineuse a une durée proportionnelle à la masse en fusion.

§ 79. La vie astronomique des corps célestes consiste en dispersion de la chaleur lumineuse, et les faits produits pendant cette vie sont des déplacements des molécules matérielles qui ont pour cause motrice la pénétration centrifuge des atomes de chaleur par le milieu des molécules matérielles. Telle est aussi l'origine de la répulsion expansive de la part du Soleil qui produit l'expulsion des bandes de masse brûlante; mais en passant par le cratère elle subit un choc tangentiel de la part du bord postérieur du cratère qui tourne avec le corps central. Ce choc est donc croissant, et il fait que la bande expulsée se subdivise pour en produire neuf autres dont l'une rebrousse chemin, tandis que les huit autres restent dans l'espace.

Des bandes de masse brûlante résultent les séries de faits des systèmes planétaires : d'abord la couche de vapeur opaque disperse les atomes de lumière, et la masse devient invisible; plus tard, par la congélation, l'épaisseur de la vapeur opaque diminue, et les huit portions de masse brûlante commencent à paraître comme des anneaux de nuées. Ce n'est qu'au moyen du télescope gigantesque de lord Rosse qu'il est possible de distinguer dans quelques-unes des nébuleuses les huit portions de la bande primitive dont chacune devient une grosse planète. Chacune de celles-ci expulse une bande de masse brûlante qui produit les satellites; ces bandes sont trop courtes pour être visibles séparément. En pareil cas on ne voit que certaines étoiles télescopiques nouvelles qui diminuent et disparaissent, ou bien l'éclat de quelques-unes augmente pour diminuer ensuite.

La vie astronomique d'un système planétaire, qui, dans le principe, n'apparaît tout entier que comme étoile nouvelle, se termine par l'extinction totale de la chaleur lumineuse, sans que les molécules pondérables éprouvent en même temps ni diminution ni aucun changement chimique, car de pareils changemènts s'opèrent pendant la *vie géologique* des planètes; ils résultent des deux éléments hydrogène et oxygène des molécules matérielles et des deux espèces d'équivalents électriques, positifs $\bar{E}$ et négatifs $\bar{E}$, amenés aux planètes éteintes par les rayons solaires. C'est pendant la vie géologique que chacune des planètes produit, pendant ses vingt à vingt-cinq périodes cométogéniques, autant de paires de comètes dont le périhélie reste constamment voisin de la planète, comme un monument archéologique éternel.

§ 80. Si les faits de ce genre avaient été obtenus par une coordination des faits observés et des mouvements des étoiles fixes ou des comètes, on aurait dit que je crois avoir découvert une loi analogue à celle de Copernic, ou, pour être plus juste, on aurait attribué cette découverte à Herschel, et surtout à Lambert, qui ont déjà reconnu l'existence des quatre ordres ou des quatre espèces de systèmes des corps célestes, et qui ont considéré le système planétaire comme modèle du système solaire.

Toutefois Mædler, ne voulant pas suivre aveuglément l'idée de ses prédécesseurs, coordonna les faits observés afin de s'assurer s'il en résulte une correspondance entre les mouvements des étoiles fixes et des planètes; tous les mouvements des étoiles fixes coordonnés ont paru à cet astronome conduire à y reconnaître une correspondance avec les mouvements des comètes et non pas avec ceux des planètes, et cela parce que parmi les étoiles les unes ont un mouvement direct et les autres ont un mouvement rétrograde, en circulant dans un espace en forme de meule, de même que les planètes, mais non pas les comètes.

Lambert ne chercha pas dans l'espace un corps lumineux comme l'est le Soleil dans le système planétaire; il admit le corps central en forme de nébuleuse, et considéra la nébuleuse remarquable de l'Orion comme corps central du système solaire. Après avoir coordonné les directions du mouvement des 15 étoiles des Pléiades, Mædler et les astronomes allemands, ses prédécesseurs, trouvèrent qu'elles formaient ensemble une déviation angulaire entre 142 degrés et 156 degrés en même sens; on trouva que 21 autres étoiles mobiles des Hyades avaient également de petites déviations dans la direction de leur mouvement. De ces directions Mædler a conclu que le corps central se trouve dans la direction des Pléiades, et au lieu de faire comme Albert et de considérer la masse excessive dans un seul corps, Mædler crut qu'il est indifférent pour la loi newtonienne que le centre de gravité résulte de la masse d'un seul corps, comme est le Soleil pour les planètes, ou qu'il résulte comme centre virtuel de l'ensemble d'un certain nombre de corps. Si cet astronome eût connu le mode de production du choc tangentiel, il n'aurait pas changé d'idée sur le Soleil central, surtout après s'être convaincu qu'il y a des corps lumineux qui circulent autour d'autres corps invisibles.

I. IDENTITÉ DE LA LOI PHYSIQUE ET DE LA LOI DIVINE.

§ 81. En coordonnant les directions apparentes des mouvements des planètes, Copernic prouva que la Terre et les planètes circulent autour du Soleil; Newton, coordonnant les faits découverts par Képler, prouva que les corps célestes se font mutuellement écran et éprouvent une poussée qui les sollicite à se rapprocher l'un de l'autre. En coordonnant la totalité des faits, chacun trouvera comme moi qu'il ne faut aucun effort pour mettre en mouvement les fluides impondérables qui se manifestent comme les gaz infiniment comprimés, ayant une expansion et une augmentation infinie de volume opérée par l'expansion de chacune des molécules. Le mouvement de translation se manifeste comme celui des déplacements des solides et des liquides. Le mouvement emmagasiné se manifeste comme l'expansion d'un gaz comprimé qui occupe toujours un espace plus grand sans abandonner totalement l'espace qu'il occupait d'abord. Aristote avait déjà reconnu ces deux espèces de mouvements, sans cependant découvrir en quoi consiste leur différence, et cela parce qu'à cette époque les propriétés des gaz étaient inconnues, et plus inconnues encore les propriétés des fluides impondérables dans lesquels personne ne peut méconnaître aujourd'hui l'existence d'un mouvement infini emmagasiné. En disant que la quantité de mouvement a dû être emmagasinée par une action suprême, je ne fais que dire ce que tout le monde doit dire pour exprimer un fait aussi évident.

Dans la production des faits cosmiques, il faut au moins deux éléments qui doivent venir en contact et se trouver en équilibre rompu : celui-ci se manifeste comme une tendance des molécules d'un élément à pénétrer dans l'espace occupé par les molécules homoïdes de l'autre élément. Cette rupture d'équilibre, lorsque son origine était inconnue, reçut le nom d'*affinité*, et la pénétration des molécules denses dans l'espace occupé par les molécules homoïdes moins denses était indiquée par le mot *action;* celle-ci et l'affinité étaient nommées *forces.* Ainsi chacun voit comme moi que l'action suprême a produit, à l'aide de molécules primitives de même espèce, deux globes qui, étant égaux, contiennent d'inégales masses M + M′ et M de ces molécules, dont résultèrent les densités inégales $\delta + \delta^{\prime}$ et δ.

Il y a au monde une vie éternelle : 1° elle consiste en manifestation du mouvement que l'action suprême emmagasina dans les molécules primitives; 2° cette vie consiste en production des faits qui résultent de la pénétration des molécules denses dans l'espace occupé par les molécules moins denses. 1° Cette inégalité entre les densités des molécules, et 2° ce mouvement, ont pour cause l'action suprême; tout au monde s'opère suivant cette cause considérée comme *loi physique*, qui est aussi *loi divine*.

Cette prédestination de tous les faits cosmiques par l'action suprême se propage même à la production des corps organisés des animaux et de l'homme et à la formation de leur sentiment au moyen des organes communs des sens. La différence entre l'homme et l'animal commence aux sentiments, qui, chez les animaux, restent à l'état naturel ou *alogues*, tandis que l'homme les accouple avec les sentiments correspondants à l'organe de l'ouïe ou de la vision, pour les rendre *logiques*. Chaque sentiment naturel ou alogue obtient chez l'homme, au moyen de la langue, un représentant qui est indépendant de la présence de l'objet par lequel le sentiment alogue est produit.

C'est donc la combinaison des représentants des sentiments qui devient indépendante de la prédestination provenant directement de l'action suprême. Les mêmes objets cosmiques ont les mêmes représentants logiques chez les individus de chaque nation; ce sont donc les différences des arrangements des représentants logiques qui deviennent la source des actions qui ne sont pas en liaison directe avec la prédestination permanente ayant pour cause l'action suprême. Il sera traité en détail de cet objet dans la *Métaphysique*.

II. DE LA CAUSE INTERCEPTANT LA DÉCOUVERTE DE L'ORIGINE DE LA LOI PHYSIQUE.

§ 82. Après avoir indiqué la voie qui conduit infailliblement à l'action suprême qui déposa le mouvement infini dans deux masses inégales des molécules homoïdes contenues sous deux volumes égaux, le lecteur s'étonnera que des faits si évidents soient restés si longtemps inconnus. La réponse à cette question se trouve dans l'exposition historique du mode de l'instruction à notre époque. Il est devenu facile de se procurer les ouvrages d'un grand nombre d'auteurs. La jeunesse croit qu'il faut, avant tout, apprendre ce que les plus âgés savent; ceux-ci, de leur côté, croyant suivre la seule voie infaillible qui conduit à la vérité, imposent à la jeunesse une instruction destinée à la conduire dans la même voie. C'est ainsi que les jeunes gens sont entraînés dans les erreurs des professeurs et que leur intelligence s'obscurcit lorsqu'ils croient qu'elle s'éclaircit.

Newton trouva dans le mouvement orbiculaire des corps célestes deux éléments dont l'un, la *pesanteur*, persiste, et l'autre, le *choc tangentiel*, a été exercé par une cause qui au même instant disparut. Ce qui persiste est considéré comme une suite des faits de la prédestination indiquée; c'est pour cette raison que Newton ne s'occupa que de la cause instantanée du choc tangentiel. Au lieu donc de chercher l'action suprême dans l'origine de tous les faits cosmiques, ce grand mathématicien l'invoqua pour exercer un choc sur la matière qui apparut dans l'espace. Toutefois ici sont exposés les détails qui font reconnaître qu'un choc simple ne suffit pas, comme Newton le croyait, pour placer les planètes éloignées du Soleil à des distances qui forment une progression géométrique, et leur imprimer des vitesses dont les carrés sont en raison iuverse des cubes des distances.

Au moyen des expériences, les faits physiques et les faits chimiques se multiplièrent et un grand nombre furent appliqués avec grand avantage à l'industrie; cette récompense matérielle fit qu'on subdivisa les branches desdites sciences, pour pouvoir mieux multiplier les découvertes de faits nouveaux. L'industrie fut élevée au niveau de la chimie et de la physique. Les physiologistes se donnèrent toutes les peines possibles pour relever l'agriculture au degré de la physiologie; les astronomes seuls restèrent limités aux observations des faits des corps célestes, sans y mêler de vues industrielles.

Trop occupés des calculs très-compliqués dans lesquels ils croyaient trouver les progrès de la science, les astronomes se limitaient à l'étude de la lumière; pour eux la connaissance des détails de la physique, de la chimie et de la physiologie était considérée comme nulle. Ainsi, c'est le principe de l'instruction adopté dans les Universités qui interdit à la jeunesse la coordination des faits pour arriver à connaître : 1° l'infinité de mouvement emmagasiné dans les molécules homoïdes; et 2° les densités inégales de ces fluides.

Un jour viendra où la jeunesse abolira ces institutions qui ont leur origine dans le moyen âge, alors qu'on ne cherchait à instruire qu'au moyen des débris des ouvrages des anciens. Les expériences et les observations, au lieu de se faire comme jusqu'à présent aveuglément, seront réglées par la loi physique qui régit tout ce qui se produit au monde, excepté l'intelligence de l'homme, car elle seule n'est soumise à aucune prédestination. Ce qu'on appelle *fatalité, harmonie préétablie, prédestination, providence,* trouve son application dans les faits cosmiques ; les faits logiques de l'homme en sont indépendants, ils sont propres à chaque individu, ils forment des séries particulières dont il sera traité dans la *Métaphysique*.

III. DE L'UNIQUE FAMILLE DE CORPS CÉLESTES COMPOSÉE DE QUATRE GÉNÉRATIONS OU DE QUATRE ESPÈCES DE SYSTÈMES.

§ 83. 1° Les satellites circulent autour des planètes; 2° les planètes avec leurs satellites circulent autour du Soleil; 3° le Soleil et des millions d'autres avec leurs planètes et leurs satellites circulent autour de l'astre nommé Hélioagète (ἥλιος, Soleil, ἀγέτης, conducteur); 4° l'astre Hélioagète et des millions d'autres astres avec leurs soleils, leurs planètes et leurs satellites circulent autour du seul corps central l'*Archégète* (ἀρχὸς, chef, ἀγέτης, conducteur).

I. Un millième de la masse totale M contenue dans l'Archégète et renfermée dans une enveloppe solide de glace a été expulsé sous forme de bande dont la longueur atteint l'extrême limite de l'*espace stellaire*. Cette bande se divise en neuf autres, dont chacune, par la subdivision, donne naissance aux milliers d'astres dont fait partie l'Hélioagète; l'ensemble des astres constitue le seul système astral occupant l'espace stellaire en forme de meule.

II. Un millième de la masse totale M contenue dans l'Hélioagète et renfermée dans une enveloppe solide de glace a été expulsé et a formé une bande d'une longueur égale au rayon de la Voie lactée. Cette bande se divise en neuf autres, dont chacune, par la subdivision, donne naissance aux millions de soleils dont le nôtre fait partie.

III. Un millième de la masse totale M contenue dans le Soleil et renfermée dans une enveloppe solide de glace a été expulsé sous forme de bande dont la longueur était égale à la distance qui sépare Neptune du

Soleil. Cette bande a été subdivisée en neuf portions dont la cinquième rebroussa chemin et retomba au Soleil ; les huit autres formèrent huit grosses planètes.

IV. Un millième de la masse totale μ de chacune des planètes renfermées alors dans une enveloppe solide de glace a été expulsé sous forme de bande dont la longueur était égale à la distance qui sépare le satellite le plus éloigné de sa planète. Cette bande a été divisée en neuf autres, dont l'une rebroussa chemin, tandis que les huit autres formèrent huit satellites, ou s'unirent deux à deux et produisirent quatre satellites, ou encore huit bandes unies ensemble formèrent un seul satellite, comme la Lune.

§ 84. **DIMINUTION GRADUELLE DE LA DENSITÉ DE LA MASSE.** De cet aperçu général il résulte que si la densité δ de la masse brûlante est 1 au Soleil, elle doit être des millions de fois supérieure dans l'Hélioagète, et cette densité doit être des millions de fois inférieure à celle D de la masse de l'Archégète. De sorte que le volume v de la bande de masse brûlante expulsée est des millions de fois inférieur au volume V de l'ensemble des astres ou à celui de l'ensemble des soleils. Ce rapport se réduit beaucoup pour les densités des masses expulsées des soleils, et encore plus pour celles des masses expulsées des planètes.

I. **SYSTÈME ASTRAL.** Il n'existe qu'un seul système d'astres, et de l'immense quantité des astres un seul nous est connu, l'Hélioagète : de tous les autres, nous ne voyons pas même la Galaxie.

II. **SYSTÈMES SOLAIRES.** Autour de chaque astre se trouve actuellement ou se trouvera dans l'avenir un système solaire pareil à celui qui est autour de l'Hélioagète, dans lequel circulent des millions de soleils dont le nôtre fait partie ; il existe dans l'espace astral des millions de systèmes solaires tels que le nôtre.

III. **SYSTÈMES PLANÉTAIRES.** Autour de chaque soleil se trouve actuellement ou se trouvera dans l'avenir un système planétaire; des milliers de semblables systèmes sont visibles dans le système solaire.

IV. **SYSTÈMES DES SATELLITES.** Autour de chaque planète se trouve un système de satellites, qui sont quelquefois invisibles; mais leur existence n'en est pas pour cela moins sûre.

IV. DE LA DISTRIBUTION DES SOLEILS DANS LE SYSTÈME SOLAIRE.

§ 85. La bande de masse brûlante expulsée de l'Hélioagète avait une longueur égale au rayon de la Voie lactée; des neuf bandes qui en résultèrent l'une a dû rebrousser chemin pour retomber sur l'Hélioagète. Les molécules superficielles de la masse brûlante en se séparant devinrent un amas de vapeur par laquelle se dispersent les rayons émanés de cette masse, et c'est ainsi qu'à la place d'une masse d'un grand éclat se présente une nuée blanchâtre indiquée par le nom de *nébuleuse*. Celle-ci persiste pendant la subdivision de chaque bande en milliers de portions de diverses grosseurs m, M, M. La couche de vapeur opaque des petites portions μ, m de masse brûlante se congela, d'où résulta une enveloppe solide de glace transparente, qui laisse les rayons pénétrer et se propager en directions rectilignes, sans être dispersés davantage. Ainsi, la même masse qui paraissait précédemment une nébuleuse devient un soleil de contours bien limités. La différence entre les nébuleuses et les soleils ne résulte pas de la masse, mais de leur enveloppe : 1° à une époque elle est une couche de vapeur qui n'est pas encore congelée pour devenir solide; 2° à une autre époque l'enveloppe est solide et devient en même temps transparente.

I. Le refroidissement est favorisé : 1° par la vitesse du

mouvement orbiculaire, dont les carrés sont en raison inverse des cubes des distances. B', B'', B''', ..., B^{ix} indiquent chaque bande qui circule autour de l'Hélioagète en une masse seule ou subdivisée en portions m', m'', m''', ..., $м'$, $м''$, $м'''$, ..., M', M'', M''', ..., dans un des espaces annulaires A', A'', A'''. 2° A cause de la grande vitesse v^{ix} des portions m', $м'$, M' de l'espace annulaire A' le refroidissement s'opéra rapidement et la couche de vapeur opaque gela; elle devint une enveloppe solide de glace transparente et les nuées disparurent; la chaleur lumineuse fut même toute dispersée et les soleils s', s', S' devinrent invisibles.

II. Le refroidissement des masses m'', $м''$, M'' s'opère moins rapidement dans l'espace A''; toutefois, à cause de la longue durée, les enveloppes de vapeur opaque gelèrent, de sorte qu'il ne resta des soleils lumineux que ceux qui contiennent une grosse portion M'' de masse.

III. Même dans l'espace annulaire A''' la vapeur opaque se congela autour des portions m''', $м'''$, M''', ainsi qu'on le reconnaît par l'absence totale de nébuleuses entre le Soleil et l'Hélioagète. La seule nébuleuse visible est celle de l'Hélioagète, qui est d'une grosseur excessive; elle est très-lumineuse, même à la très-grande distance qui la sépare de nous, malgré le gros amas de vapeur.

A. DISTRIBUTION DES SOLEILS DANS LE QUATRIÈME ESPACE ANNULAIRE DU SYSTÈME PLANÉTAIRE.

§ 86. La vapeur opaque se congela autour des portions μ^{iv}, m^{iv} médiocres de masse brûlante; des soleils qui en résultèrent le nôtre fait partie; il expulsa une bande de masse brûlante qui produisit les planètes; chacune de celles-ci expulsa une bande de masse brûlante qui forma les satellites; toute la chaleur lumineuse des planètes et des satellites a été consumée. Après le refroidissement parfait, chacune des quatre planètes intérieures produisit environ 40 paires de comètes jumelles en parcourant autant de périodes cométogéniques. Les soleils σ^{IV} pareils. au nôtre n'apparaissent que comme des étoiles télescopiques. La vapeur opaque des portions M^{IV} supérieures de la masse brûlante se congela également, et il en résulta des enveloppes solides de glace; c'est ainsi que les rayons de cette masse se propagent en direction rectiligne et la font apparaître, non plus comme nébuleuse, mais comme soleil s^{IV} d'un éclat supérieur à celui des soleils σ^{IV}, et cela non-seulement à cause de leur grosseur plus considérable, mais aussi à cause de la grande densité de chaleur lumineuse. Ces soleils paraissent comme des étoiles à peine visibles à l'œil nu. La différence entre les soleils σ^{IV} qui se trouvent déjà arrivés à l'âge de vieillesse, et les soleils s^{IV} d'un âge moins avancé, consiste en ce que ceux-ci, n'ayant pas encore expulsé une bande de masse brûlante, ne tournent pas autour de leur axe, comme le font les soleils σ^{IV} avancés en âge.

Les masses M^{IV}, M'^{IV} des grosses portions restent entourées de vapeur opaque, et paraissent comme des nébuleuses amorphes; leur forme n'a aucune régularité, parce que telle était précédemment la forme de la masse M'^{IV} lorsqu'elle se sépara par la subdivision de la bande B^{IV}. La vapeur produite pendant des milliers de siècles forme de gros amas qui restent permanents; leur nombre s'élève jusqu'à 20 000; ces amas sont éclairés par la masse brûlante et paraissent comme des globules séparés; pour cette raison, on a appelé *nébuleuses globulaires* l'ensemble de la masse brûlante et des amas de vapeur.

Dans ces nébuleuses globulaires des portions inférieures m^{IV} des masses M'^{IV} se produisirent des soleils qui se revêtirent, par la congélation de leur vapeur, d'une enveloppe solide de glace transparente. Après la formation de ces enveloppes solides de la couche inférieure de vapeur autour de toutes les autres portions de masse brûlante, des amas de vapeur restèrent séparés en forme de gros ballons de glace mince, vides au milieu, possédant toujours leur mouvement orbiculaire, et éprouvant mille perturbations de la part des soleils ambiants : ce genre de corps volumineux, sans poids perceptible, sont les *pagosphères*. Ces pagosphères ou amas de vapeur autour des nébuleuses globulaires sont visibles tant qu'elles se trouvent autour de la masse brûlante, mais lorsqu'elles s'en séparent elles cessent d'être visibles. Leur existence n'est constatée que par leur passage entre les soleils et la Terre; ils interceptent une partie de leur lumière, et en reproduisent par la réfraction toutes les couleurs, sans aucun ordre analogue à celui des couleurs du spectre. Le nombre de corps de ce genre est plusieurs millions de fois plus grand que celui des soleils et des planètes; ils sont connus sous le nom de *planétoïdes* dans le système planétaire. Les étoiles filantes, les pluies d'étoiles et les bolides appartiennent au même genre. Pour désigner ce genre de corps, j'ai employé le mot de *pagosphère* ($\pi\acute{\alpha}\gamma o\varsigma$, glace), qui signifie une surface sphérique composée de glace. Nous verrons dans l'explication des aérolithes que le bruit et la nuée observés dans l'atmosphère résultent de pagosphères qui crèvent en s'avançant vers la Terre; elles obtiennent par le frottement une lumière électrique. (*Phys.*, t. III, p. 927.)

B. **distribution des systèmes planétaires dans le système solaire.**

§ 87. L'expulsion d'une bande de masse brûlante hors d'un soleil fait subitement apparaître au ciel un éclat qui provient des atomes de lumière émis de toute la surface de la bande. Des molécules superficielles séparées et graduellement refroidies pendant un espace de trois semaines commencent à produire une couche de vapeur opaque qui disperse une partie φ' de lumière et ne laisse arriver à la Terre que la différence $\varphi - \varphi'$. L'épaisseur de la couche de vapeur opaque croît et, en raison directe, la quantité $\varphi - \varphi'$ de lumière propagée décroît. La bande devient invisible lorsque la quantité $\varphi - \varphi'$ de lumière n'est plus suffisante pour produire une sensation sur l'œil, et cela arrive en un espace de quelques semaines à dix-sept mois.

La bande de masse brûlante expulsée, de même que la masse mille fois supérieure du soleil, reste enveloppée dans la vapeur opaque pendant des milliers de siècles. La masse brûlante de la bande se subdivise en neuf autres bandes qui circulent toutes autour du soleil et se présentent comme une nébuleuse composée au moins de deux anneaux nuageux. Avec le télescope de lord Rosse on distingue dans ces nébuleuses les huit bandes inclinées en forme de spirale qui indiquent leurs séparations respectives.

Dans les bandes de masse brûlante expulsées avant celles qui ont actuellement la forme de nébuleuses, s'il se trouve une enveloppe solide de la portion m la moins éloignée du Soleil qui circule avec le plus de vitesse, elle est une planète correspondante à Mercure, mais sans rotation ; elle circule autour de son soleil comme un satellite autour de sa planète ; elle ne s'en distingue que par la différence de sa durée de révolution ; celle-ci peut être déterminée par les périodes des éclats qui résultent de la forme ovalaire de la planète.

Dans les bandes de masse brûlante expulsées à une époque plus reculée se trouvent deux planètes qui sont inséparables, vues au télescope ; mais les périodes d'éclats différents nous font connaître que l'une correspond à Mercure et l'autre à Vénus. S'il y a déjà trois planètes, il devient plus difficile de distinguer les trois périodes de l'éclat. Dans le cas où les quatre planètes intérieures ont revêtu une enveloppe de glace, toutes quatre paraissent comme une seule étoile. Cependant, au lieu d'une clarté constante comme l'est celle des soleils, nous y distinguons des variations que nous ne pouvons pas diviser en quatre périodes, et c'est pour cela que les astronomes disaient qu'il existe des *étoiles de clarté variable.*

Dans les bandes de masse brûlante expulsées de leur soleil à des époques plus reculées, se trouvent aussi des planètes extérieures, une, deux ou toutes les quatre, qui, étant séparées par des intervalles jusqu'à deux fois supérieurs à ceux des planètes de notre système, peuvent être vues séparément avec les télescopes; leur nombre ne surpasse pas celui de quatre; les astronomes croyaient que l'ensemble formé par les quatre planètes internes et le soleil constituent une étoile centrale autour de laquelle circulent les autres dont le nombre ne surpasse jamais celui de quatre.

Sirius, Arcturus, Véga de la Lyre, etc., ne sont pas des soleils, mais des systèmes de planètes lumineuses; le diamètre angulaire de Véga est de o",36, et celui d'Arcturus de o",2.

La planète qui devint la première visible comme étoile périodique est celle qui, avant les autres, expulsa une bande de masse brûlante qui produisit un système de satellites; de ceux-ci c'est le moins éloigné de la planète qui eut le premier une pagosphère autour de sa masse brûlante. A cause de la forme ovalaire qu'il a en circulant autour de sa planète, ce satellite, 1° étant en conjonction supérieure, répand la lumière $\varphi + \varphi'$ correspondante à l'hémisphère soulevé; 2° étant en conjonction inférieure, il répand une quantité φ de lumière correspondante à l'hémisphère déprimé.

Les courtes durées des périodes d'éclat font reconnaître que la masse brûlante se trouve dans un satellite et non pas dans une planète.

Les nouvelles étoiles, les nébuleuses planétaires, les étoiles à périodes simples, les étoiles à périodes doubles, triples ou quadruples, les étoiles à clarté variable, les étoiles à périodes courtes et tout près d'une autre à périodes invariables, les étoiles quadruples autour d'une autre centrale, sont toutes des systèmes planétaires d'âges différents. Elles circulent autour de l'Hélioagète, dans l'espace annulaire A^{IV} du système solaire qui a la forme de meule, et qui est limité par la Voie lactée. Pour cette raison, nous les trouvons entre nous et la Galaxie; la déviation des étoiles en dehors de la meule, du côté où sont les Pléiades, résulte de la position du Soleil qui est plus éloigné de cette base boréale de la meule que de sa base australe.

V. DISTINCTIONS DES AGES DES CORPS DU SYSTÈME SOLAIRE.

§ 88. La naissance des corps d'un système quelconque date de l'expulsion d'une bande de masse brûlante qui n'est que le millième de la masse qui reste dans le corps central. Les satellites, les planètes, les soleils, les astres d'un même système vinrent dans l'espace sous la forme d'une bande de masse brûlante. Ainsi les âges des corps d'un même système céleste ne doivent pas être comparés à ceux des oiseaux ou des poissons d'une même couvée, mais plutôt aux familles des plantes, dans lesquelles une seule semence produit successivement des fleurs et des fruits dont les uns mûrissent lorsque les autres fleurissent.

La vie astronomique des corps consiste en séparation de la chaleur lumineuse de la masse brûlante, pendant que celle-ci exécute un mouvement orbiculaire d'une vitesse qui diffère dans chacune des bandes B', B'', B''', ..., provenant de la division de la bande principale B. La température de la masse brûlante expulsée est égale, dans toute son étendue, le froid de l'espace ambiant est partout le même; mais la différence entre les vitesses orbiculaires V et v fait qu'il sort des portions douées d'une vitesse orbiculaire supérieure V une quantité de chaleur $\Theta + \Theta'$ plus grande que celle Θ qui sort des portions égales circulant avec une vitesse inférieure v.

De la subdivision de chacune des bandes b', b'', b''', ..., b^{ix}, produites par la bande principale B, expulsée de l'Hélioagète, résultèrent des portions contenant des masses de diverses grosseurs, μ, m, м, M, qui circulent dans un même espace annulaire avec une égale vitesse orbiculaire. Comme, en pareil cas, les masses sont entre elles dans le rapport des cubes des rayons, tandis que les éloignements de la chaleur sont entre eux dans le rapport des surfaces ou des carrés des rayons, il en résulte que les parties inférieures μ, m se refroidissent plus rapidement que les parties supérieures м, M.

I. Il y a des refroidissements des portions de masse brûlante qui proviennent de la vitesse orbiculaire v^{ix}, v^{viii}, v^{vii},..., v', dont les carrés sont en raison inverse des cubes des distances.

II. Il y a des refroidissements des portions de masse brûlante qui proviennent des dimensions de ces portions μ, m, м, M dont les carrés des rayons correspondant aux surfaces et aux refroidissements sont en rapport direct avec les cubes de ces mêmes rayons correspondant aux masses.

A. AGES DES PORTIONS DE MASSE BRULANTE DU SYSTÈME SOLAIRE.

§ 89. De chacune des neuf bandes b', b'', b''',..., b^{ix} résultèrent, par la subdivision, des portions contenant des masses de diverses grosseurs. Par suite de la vitesse orbiculaire des bandes b', b'', b'' qui surpasse celle des bandes éloignées b^{ix}, b^{viii}, b^{vii}, la subdivision des bandes inférieures avança, et celle des bandes supérieures se trouva en retard. Chacune des bandes B', B'', B''' a été divisée et subdivisée en portions extrêmes μ', m', M', M'; μ'', m'', M'', M''; μ''', m''', M''', M'''.

Quelques-unes des parties de la bande B^{IV} se subdivisèrent pour former les portions extrêmes μ^{IV}, m^{IV}, M^{IV}; d'autres parties M n'atteignirent pas ce dernier degré de subdivision. Certaines parties de masse brûlante seront subdivisées dans l'avenir; actuellement elles se présentent sous forme de nébuleuses globulaires de toutes les formes; les étoiles qui s'y trouvent sont des soleils produits par les portions m^{IV} ou M^{IV}.

La masse de la bande B^V ne resta pas dans l'espace annulaire A^V, car elle dut rebrousser chemin à cause de l'absence de mouvement orbiculaire; il n'y resta que des millions de pagosphères ou *hélioïdes*, visibles par les rayons qui, passant par leur enveloppe, se croisent au foyer, en sorte que celui-ci devient visible.

Le refroidissement de la bande B^{VI}, divisée en portions m^{VI}, M^{VI}, M^{VI} est lent, à cause de sa vitesse orbiculaire qui est médiocre. Toutes les portions sont enveloppées de couches de vapeur et de pagosphères comme le sont les nébuleuses globulaires de l'espace A^{IV}; mais à cause de la grande distance qui nous sépare de l'espace A^{VI}, ces nébuleuses sont indécomposables; elles paraissent comme des nuées de forme irrégulière.

Les trois autres bandes B^{VII}, B^{VIII}, B^{IX} se trouvent divisées en un petit nombre de gros morceaux tous entourés d'amas de vapeur; elles apparaissent comme des nébuleuses de dimensions inégales à celles des masses M^{VI}, M^{VI} de l'espace annulaire A^{VI}, et égales à celles des masses M^{IV} et M^{IV} de l'espace A^{IV}, à cause des distances très-différentes qui existent entre elles et le Soleil.

Après avoir démontré non-seulement les deux causes du refroidissement des portions μ, m, M, M de masse brûlante, mais aussi, 1° les rapports inverses entre les carrés des rayons de leurs orbites et les cubes de ces rayons, et 2° les rapports directs entre les carrés des rayons des masses et leurs cubes, il reste à faire voir que, dans chacun des quatre espaces annulaires A′, A″, A‴, A^{IV}, se trouvent des soleils de masses différentes et du même âge. 1° Ceux de l'espace A′ contiennent une masse M′; 2° ceux de l'espace A″ une masse м″; 3° ceux de l'espace A‴ une masse m'''; enfin 4° ceux de l'espace A^{IV} une masse médiocre μ^{IV}.

Dans les quatre espaces annulaires extérieurs A^{VI}, A^{VII}, A^{VIII}, A^{IX}, les portions μ les plus médiocres sont encore enveloppées dans une couche de vapeur opaque, et cela à cause de leur médiocre vitesse orbiculaire. Des soleils de l'espace annulaire A^{IV}, 1° ceux σ^{IV} contenant des portions médiocres μ^{IV} de masse brûlante sont entourés de planètes éteintes comme l'est le Soleil de notre système planétaire; 2° les soleils s^{IV} contenant des portions m^{IV} de masse brûlante sont entourés de planètes lumineuses et paraissent comme des étoiles de première, deuxième, troisième et quatrième grandeur : ces grandeurs sont en raison inverse des distances qui les séparent de nous; 3° les soleils s^{IV}, contenant des portions м^{IV} de masse brûlante, se présentent comme des étoiles de septième ou sixième grandeur. Quelques-uns sont télescopiques et se trouvent dans les nébuleuses globulaires; tels sont aussi les soleils σ^{IV}; mais ils ne sont pas dans les nébuleuses pareilles, ils ont isolés. Parmi ces soleils, tous ceux qui expulsent une bande de masse brûlante deviennent invisibles, et cela à cause de la vapeur opaque qui les enveloppe; pour que la couche inférieure de la vapeur gèle, il faut des milliers de siècles; la bande de masse brûlante se présente subdivisée en anneaux de vapeur opaque, connue sous le nom de *nébuleuse planétaire*. 4° Les portions M^{IV} de masse brûlante se trouvent entourées de gros amas de vapeur; elles forment les nébuleuses globulaires, dont il existe des milliers dans l'espace annulaire A^{IV}.

B. AGES DES CORPS DES QUATRE ANNEAUX EXTÉRIEURS FORMANT LA VOIE LACTÉE.

§ 90. Toutes les parties de la masse brûlante des bandes B^{VI}, B^{VII}, B^{VIII}, B^{IX} se trouvent entourées d'amas de vapeur dans les espaces annulaires A^{VI}, A^{VII}, A^{VIII}, A^{IX} séparés de l'Hélioagète par les distances $2^6\Delta$, $2^7\Delta$, $2^8\Delta$, $2^9\Delta$. La distance entre l'anneau A^{IV}, où est le Soleil, [et l'anneau A^{VI}, est $2^6\Delta - 2^4\Delta = 3\Delta \times 2^4 = 48\Delta$. La distance entre le même anneau A^{IV} et celui $A^{\prime\prime\prime}$, où est l'étoile Alcyon, est $2^4\Delta - 2^3\Delta = 8\Delta$.

Soient VH (*fig.* 12) la projection de la Voie lactée; S le

Fig. 12.

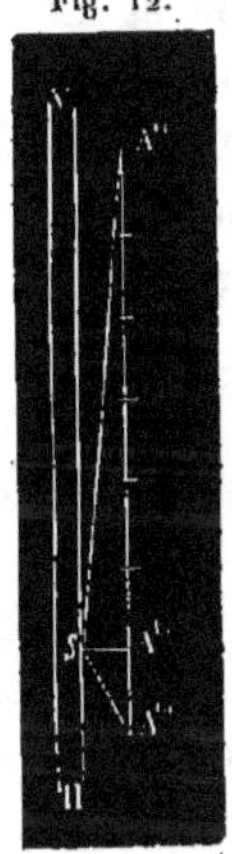

Soleil (*fig.* 12) dans l'espace annulaire A^{IV}; $A^{\prime\prime\prime}$ l'Alcyon dans son espace annulaire, et A^{VI} l'espace annulaire dans lequel circulent les nébuleuses globulaires contenant les portions de masse brûlante de la bande B^{VI}. Les parallaxes de A^{VI} et de $A^{\prime\prime\prime}$ sont entre elles en raison inverse des distances SA^{VI} et $SA^{\prime\prime\prime}$; il en résulte

$$SA^{VI}A^{IV} : SA^{\prime\prime\prime}A^{IV} = 8 : 48 \quad \text{ou} \quad = 3^\circ \tfrac{1}{2} : 21^\circ.$$

L'angle $3\frac{1}{2}$ degrés est la déviation perspective de l'anneau composé des portions de la bande B^{VI} de masse brûlante par rapport à l'anneau de rayon 2^7 Δ composé des portions de la bande B^{VII} de masse brûlante entourée de vapeur.

L'angle 21 degrés est également la déviation de l'espace annulaire A^{III} dans lequel circulent l'étoile Alcyon et les autres produites par des portions de la bande B^{III}; cet angle SA^{III}A^{IV} ne peut être six fois celui SA^{VI}A^{IV} de la déviation de l'anneau A^{VI} que dans le cas où la distance est A^{IV}A^{VI} = 6 A^{IV}A^{III}.

Les plans des quatre espaces annulaires se coupent sous de petits angles, comme le font les plans orbiculaires des planètes. Si le Soleil se trouvait dans une orbite parallèle aux plans des quatre espaces annulaires A^{VI}, A^{VII}, A^{VIII}, A^{IX}, dans lesquels circulent les nébuleuses, la Galaxie paraîtrait sans arc de séparation et serait, comme elle l'est actuellement, plus lumineuse du côté le moins éloigné du Soleil et moins lumineuse du côté opposé. Le Soleil se trouve plus éloigné de la base de l'espace en forme de meule qui donne, comme une fenêtre, dans l'hémisphère boréal, et il est moins éloigné de l'autre base qui donne dans l'hémisphère austral.

Une partie moins éloignée de l'espace annulaire A^{VI} est celle qui paraît, comme un arc α de 120 degrés, se séparer dans le Cygne de l'anneau de la Galaxie, dont la partie correspondante à l'arc est également moins éloignée du Soleil que la partie diamétralement opposée. En considérant les nébuleuses symétriquement distribuées dans chacun des quatre espaces annulaires, leur clarté doit être plus forte du côté le moins éloigné. C'est le diamètre unissant le Cygne avec le Navire qui sépare les régions de la Galaxie les plus rapprochées du Soleil de celles qui en sont le plus éloignées. Au milieu de ce diamètre se projette l'Hélioagète, de sorte qu'au Soleil se

produit l'angle γ dès la rencontre des lignes dont l'une
vient de l'Hélioagète et l'autre de l'Alcyon. Il en résulte
que le corps central se trouve dans le voisinage de la
nébuleuse exceptionnelle de l'Orion, mais non pas dans
la nébuleuse même, comme Lambert l'admettait.

Cette nébuleuse, si grande qu'elle soit, même en admettant la densité de sa masse brûlante comme mille fois
supérieure à celle du Soleil, est très-loin de correspondre au colosse que Mædler trouva par le calcul, dans
lequel doit être renfermée une masse M mille fois plus
grande que le total de la masse m contenue non-seule-
ment dans les étoiles ε', ε'', ε''', ε^{IV}, E^{IV}, mais aussi dans
celles qui sont devenues obscures, dans celles qui sont
invisibles à cause de leur très-grande distance, dans les
nébuleuses planétaires, dans les nébuleuses globulaires et
dans toutes les nébuleuses dont est formée la Voie lactée. Le colosse trouvé par le calcul de Mædler est, suivant la loi physique, un résultat analogue à celui qu'obtint Le Verrier pour l'existence de la planète Neptune.
La différence ne consiste qu'en ce que ce dernier astronome ne voyait pas la planète, tandis que Mædler se
trouva ébloui de la grosseur du colosse qui occupe avec
le plus grand éclat la plus grande largeur de la Galaxie;
car sur ce colosse se projette la constellation entière
de la Licorne, qui est composée d'étoiles solaires ε^{IV}
reconnaissables par leur immobilité, car les étoiles
mobiles qui s'y trouvent sont des espaces annulaires
A', A'', A'''. La masse M contenue dans ce colosse doit
être très-dense, pour que la masse totale m du système
solaire y soit contenue mille fois; la masse m du Soleil
est également très-dense, puisqu'elle est sept cent fois
plus grande que le total μ de la masse de tous les
corps du système planétaire.

Les faits employés par Mædler pour prouver que les
vitesses des étoiles mobiles contenues dans les Pléiades

et les Hyades sont le réflexe de la vitesse du mouvement orbiculaire du Soleil, et que le sens de son mouvement est contraire au sens du mouvement apparent des étoiles, trouvèrent ici un arrangement correspondant aux autres faits nombreux dont il résulte qu'en effet c'est la nébuleuse immense de l'astérisme de la Licorne qui contient la masse énorme de l'Hélioagète. Des vitesses apparentes des étoiles mobiles des Pléiades on tire la différence $v - \nu$ entre leur vitesse réelle v et celle ν du Soleil, qui a pu être déterminée par le calcul de la manière suivante. Le sens du mouvement du Soleil trouvé par Mædler est véritable, mais sa vitesse n'est pas même la moitié de celle $(5'', 7)$ trouvée par cet astronome.

VI. VITESSE SÉCULAIRE DU SOLEIL.

§ 91. Dans le système planétaire, la vitesse apparente des planètes inférieures est la différence $V - \nu$ ou $v - \nu$ entre les vitesses V ou v de Mercure ou de Vénus, et celle ν de la Terre. Si un observateur se trouvait dans Mars, il observerait trois espèces de vitesse, de même que cela a lieu pour les étoiles ε', ε'', ε''' qui circulent dans trois espaces annulaires entre l'Hélioagète et le Soleil. Les rayons de ces espaces A', A'', A''' sont en progression géométrique $\div 2\Delta : 2^2\Delta : 2^3\Delta$. Le rayon de l'espace orbiculaire A^{iv} est $2^4\Delta$, qui peut être considéré comme l'orbite solaire.

Suivant la loi de Képler, les carrés des vitesses des corps périphériques sont en raison inverse des cubes des distances qui les séparent du corps central. Faisant la comparaison entre les vitesses des 36 étoiles mobiles des Pléiades et des Hyades, je les ai coordonnées en trois classes : 1° ν est la vitesse apparente des étoiles qui circulent dans l'espace annulaire A'''; 2° v est la vitesse des étoiles de l'espace annulaire A'', et 3° V est la vitesse apparente des étoiles de l'espace A'.

En admettant pour le Soleil la vitesse χ, la vitesse réelle sera : 1° $v + \chi$ pour les étoiles ε''' de l'espace A''', $v + \chi$ pour les étoiles ε'' de l'espace A'', et $V + \chi$ sera la vitesse réelle des étoiles ε' de l'espace annulaire A'. Les carrés des vitesses χ et $v + \chi$ sont entre eux en raison inverse des cubes des distances $2^4 \Delta$ et $2^3 \Delta$.

$$\chi^2 : (v + \chi)^2 = (2^3 \Delta)^3 : (2^4 \Delta)^3 = 1 : 8 ; \quad \chi = \frac{v\left(1 \pm 2\sqrt{2}\right)}{7}.$$

De même, les carrés des vitesses χ et $v + \chi$ sont entre eux en raison inverse des cubes des distances $2^4 \Delta$ et $2^2 \Delta$, d'où résulte la valeur $\chi = \dfrac{v\left(1 \pm 8\right)}{63} = \dfrac{1}{7} v.$

Les carrés des vitesses χ et $V + \chi$ sont entre eux en raison inverse des cubes des distances $2^4 \Delta$ et 2Δ, d'où résulte la valeur $\chi = \dfrac{1 \pm 16\sqrt{2}}{8^3 - 1} V.$

En coordonnant ces trois valeurs de la vitesse orbiculaire du Soleil avec les vitesses trouvées des étoiles, non-seulement des Pléiades et des Hyades, mais aussi des étoiles plus éloignées qui vont jusqu'au delà d'Orion, j'ai été conduit à reconnaître que la vitesse réelle séculaire du Soleil diffère peu de 2 secondes. 1° La vitesse moyenne v apparente des étoiles de l'espace annulaire A''' est par siècle 4 secondes environ ; 2° la vitesse v des étoiles de l'espace A'' est de 14 secondes par siècle ; et 3° la vitesse séculaire apparente des étoiles de l'espace A', qui correspond à l'orbite de Mercure du système planétaire, est de 43 secondes.

VII. DU SYSTÈME PLANÉTAIRE COMME MODÈLE DU SYSTÈME SOLAIRE.

§ 92. Avant Mædler les astronomes, Herschel, Lambert et autres, considéraient le système planétaire comme modèle du système solaire, sans cependant approfondir les détails de ces deux systèmes qui se correspondent mutuellement. Le corps central correspondant au Soleil était admis dans la nébuleuse exceptionnelle d'Orion. Mædler coordonna les directions des étoiles mobiles contenues dans les Pléiades, et de celles contenues dans les Hyades et dans toutes les autres régions, comme elles se trouvent indiquées dans les trois tableaux suivants. En négligeant les autres directions de la voûte céleste, ce dernier astronome ne trouva pas probable l'existence d'une masse énorme dans une nébuleuse pareille à celle des Pléiades ou à celle d'Orion, et comme il lui sembla que dans le système solaire il n'existait nulle part un corps colossal correspondant au Soleil du système planétaire, il crut qu'il était indifférent, pour la loi newtonienne, que la masse fût contenue dans un seul corps, ou que le centre de gravité fût un centre virtuel composé de la masse de plusieurs corps. Certaines étoiles de densité considérable et au nombre de 5oo environ se trouvent dans plusieurs régions, mais on distingue mieux celles qui sont dans la direction des Pléiades, parmi lesquelles il n'y a que 15 étoiles mobiles, dont le mouvement est dirigé vers l'espace suivant une déviation angulaire oscillant entre 14o degrés et 196 degrés, et cet espace se trouve dans le Lion.

Partant d'une hypothèse parfaitement contraire, les astronomes qui précédèrent Mædler furent conduits à des résultats parfaitement divergents. Au lieu de considérer les vitesses séculaires observées v, $\mathbf{v}$, $\mathbf{V}$ comme les différences entre les vitesses réelles v', $\mathbf{v}'$, $\mathbf{V}'$ et celle χ du Soleil, cet astronome admit la moyenne $5'',8_2$ des vitesses des quinze étoiles observées, comme réflexe de la vitesse séculaire du Soleil.

§ 93. **CORRESPONDANCE ENTRE LES DÉTAILS DU SYSTÈME SOLAIRE ET CEUX DU SYSTÈME PLANÉTAIRE.** I. Au centre du système planétaire se trouve le Soleil, et au centre du système solaire se trouve l'Hélioagète, occupant la constellation de la Licorne presque entière. Celui-ci est composé d'une masse brûlante M mille fois plus considérable que celle м du total des corps composant le système solaire; mais à cause de sa grande densité, qui est plusieurs milliers de fois supérieure à celle du Soleil, son volume, au lieu d'être plusieurs millions de fois plus grand que celui de l'ensemble de tous les corps, en diffère peu. La masse *m* brûlante du Soleil est renfermée dans une enveloppe solide de glace transparente, tandis que la masse M brûlante de l'Hélioagète, qui est mille fois plus considérable que toute la masse des corps composant le système solaire, se trouve entourée d'amas de vapeur qui la font apparaître comme une nébuleuse. Il sera prouvé plus loin que tous les soleils sont entourés de vapeur pendant la durée de l'état lumineux de leurs planètes; ainsi le Soleil fut une nébuleuse très-petite, pendant tout l'espace de temps que la Terre et les autres planètes étaient lumineuses. Il en fut de même de la Terre, qui était entourée de vapeur opaque pendant que la Lune était lumineuse. L'Hélioagète restera entouré de vapeur encore pendant des millions de siècles, et il deviendra un astre lumineux par la congélation de la couche de vapeur qui lui formera une enveloppe solide de glace transparente. A cette époque très-reculée, tous les soleils seront éteints comme le sont actuellement les planètes de notre système.

II. Autour du Soleil circulent dans neuf espaces annulaires: 1° les huit grosses planètes avec leurs satellites, et 2° les planétoïdes; celles-ci séparent les quatre planètes inférieures et leurs orbites des quatre planètes extérieures et de leurs orbites. Dans le système solaire circulent également, dans neuf espaces annulaires, des millions de soleils, d'hélioïdes et de nébuleuses, car ce qui a lieu pour les planétoïdes circulant en grand nombre autour du Soleil dans un seul espace annulaire, a également lieu dans le système solaire pour les neuf espaces A', A'', ..., A^{IX} annulaires.

III. La Terre circule autour du Soleil dans le troisième espace annulaire; le Soleil circule autour de l'Hélioagète dans le quatrième espace annulaire A^{IV}. Entre la Terre et le Soleil circulent deux grosses planètes, tandis qu'entre le Soleil et l'Hélioagète circulent dans trois espaces annulaires A', A'', A''' des milliers de soleils visibles et invisibles.

C'est au moyen des vitesses $\wp$, v, V des étoiles ε''', ε'', ε' des espaces annulaires A''', A'', A' qu'il devint possible de reconnaître que le Soleil est dans le quatrième espace annulaire A^{IV}, de même qu'un observateur trouvera pour Mars trois vitesses différentes correspondantes aux trois planètes inférieures.

IV. Avec le Soleil circulent, dans le même espace annulaire A^{IV}, des milliers d'étoiles ε^{IV}, E^{IV}, et de nébuleuses planétaires ou globulaires. Ainsi ces corps nous paraissent ce que paraîtraient les planétoïdes à un observateur placé sur l'une d'elles : une planétoïde quelconque aurait, comme par exemple Phocæa, un nombre n d'autres planétoïdes entre elle et le Soleil, et un nombre supérieur $n + n'$ de planétoïdes plus éloignées du Soleil qu'elle-même. Le nombre n des planétoïdes correspond aux étoiles indiquées par le signe ε^{IV}, et le nombre $n + n'$ correspond aux étoiles indiquées par le signe E^{IV}.

V. De même que le plan de l'orbite de Phocæa est incliné sur celui de l'écliptique, de même le plan de l'orbite du Soleil se trouve incliné sur celui de la Galaxie; c'est pour cette raison que les étoiles ε''' des Pléiades de l'espace annulaire A''', de rayon $2^3 \Delta$, vues obliquement du Soleil à la distance 8Δ, se projettent au delà de la Galaxie dans une distance angulaire de 21 degrés, tandis que l'arc $\alpha = 120$ degrés du sixième anneau A^{VI}, de rayon

$2^6\Delta$ et à la distance de 48Δ du Soleil, se projette au delà de la Galaxie à une distance angulaire de $3\frac{1}{2}$ degrés. De même que l'orbite du Soleil est inclinée sur le plan de la Galaxie, de même cette orbite se trouve inclinée sur celles de presque tous les autres soleils. L'angle i de l'inclinaison du plan orbiculaire du Soleil sur ceux des autres soleils peut beaucoup varier, cependant cet angle i ne peut dépasser certaines limites; c'est ainsi que parmi les planétoïdes l'orbite seule de Pallas atteint un éloignement angulaire de 36 degrés.

VI. Les vitesses apparentes v, $\mathbf{v}$, V des étoiles ε''', ε'', ε' correspondent à celles de la Terre, de Vénus et de Mercure observées de Mars, car ces étoiles se meuvent dans le même sens que le Soleil. Il résulta une grande confusion de l'hypothèse des astronomes allemands : que les mouvements des quinze étoiles ε''' mobiles des Pléiades sont le réflexe du mouvement du Soleil en sens contraire. C'est cette hypothèse qui a conduit à croire que le système solaire ressemble à celui des comètes et non pas à celui des planètes.

VII. Dans le système planétaire, les planètes ne se présentent nulle part aussi fréquemment que dans l'espace qui sépare la Terre et le Soleil; de même, dans le système solaire, les étoiles ε''', ε'', ε' des trois espaces inférieurs ne se rencontrent que dans l'intervalle qui sépare le Soleil et l'Hélioagète occupant la Licorne.

VIII. Excepté les étoiles ε''', ε'', ε' des trois espaces inférieurs, toutes les étoiles ε^{IV} circulent avec le Soleil dans le quatrième espace annulaire A^{IV}. Cependant leur mouvement apparent ne doit pas être comparé à celui des étoiles ε''', ε'', ε', mais à celui des planétoïdes. En admettant l'observateur placé sur l'une de ces planétoïdes, cet observateur verra les unes douées d'un mouvement direct, les autres d'un mouvement rétrograde; la vitesse des unes sera à peine perceptible, et celle des autres sera considérable. Tous ces détails se retrouvent dans les étoiles, pour l'observateur placé sur la Terre, comme il est exposé et expliqué plus bas.

IX. Un plan h qui passe par la planétoïde de l'observateur perpendiculairement au rayon vecteur est nommé *horizon planétaire*. Cet horizon ne coupe que les orbites des planétoïdes qui sont plus éloignées du Soleil que celle de l'observateur. Au-dessus de l'horizon h seront les parties les moins grandes des orbites, et au-dessous seront les plus grandes parties. En faisant également passer par le Soleil un plan H perpendiculairement sur le rayon vecteur, on aura *l'horizon solaire* H, qui coupe les orbites des étoiles E^{IV} de l'anneau A^{IV} qui ont un rayon plus grand que celui de l'orbite du Soleil. Au-dessous de cet horizon se trouveront : 1° les trois espaces annulaires A''', A'', A' avec leurs étoiles mobiles ε''', ε'', ε'; 2° les orbites des étoiles ε^{IV} de l'espace A^{IV} qui sont moins éloignées de l'Hélioagète que le Soleil ; 3° les parties des orbites des étoiles E^{IV} qui sont moins éloignées de l'Hélioagète que le Soleil.

VIII. DES MOUVEMENTS APPARENTS DES ÉTOILES, DIRECTS ET RÉTROGRADES, ET DE LEUR VITESSE.

§ 94. Lorsqu'on ne connaissait pas la région du corps central du système solaire, et la grande quantité des corps qui circulent dans chacun des neuf espaces annulaires correspondants aux orbites planétaires, les astronomes se bornaient à observer les mouvements des étoiles tels qu'ils apparaissent. Ils n'ignoraient pas que les mouvements apparents des planètes et des planétoïdes diffèrent des mouvements réels, qu'on pourrait exactement déterminer : 1° au moyen de leur apparition, et 2° au moyen de la position de chaque planète ou planétoïde par rapport à la Terre et au Soleil.

Pour opérer de la même manière avec les mouvements

apparents des étoiles, afin de déterminer leur mouvement réel, il fallait connaître la position de chaque étoile, non-seulement par rapport au Soleil, mais encore par rapport à l'astre central autour duquel les étoiles et les nébuleuses circulent, comme font tous les corps périphériques autour de leur corps central.

Nous avons dit comment les Pléiades et l'arc α de l'espace annulaire A^{VI}, qui se trouvent dans le plan de la Galaxie, se présentent en perspective projetés en dehors à des distances angulaires de $3\frac{1}{2}$ degrés et de $6 \times 3\frac{1}{2}$ degrés qui sont en raison inverse des distances réelles $2^6\Delta$ et $2^3\Delta$ de l'Hélioagète ou des distances 8Δ et 48Δ du Soleil. La ligne qui unit le milieu de l'arc α avec le Soleil est donc un diamètre de la Galaxie qui passe par l'Hélioagète; la distance entre celui-ci et le Soleil est $2^4\Delta$, tandis que le rayon de la Galaxie est $2^9\Delta$. Le Soleil est donc éloigné de $2^9\Delta - 2^4\Delta$ du côté de la Galaxie qui passe par Ophiuchus, et du côté opposé, qui passe par la Licorne, il est éloigné de $2^9\Delta + 2^4\Delta$; il y a donc entre les deux distances une différence de $2^5\Delta$.

Il a été prouvé que la Galaxie est l'ensemble des portions de masse brûlante entourées d'amas de vapeur qui circulent dans les quatre espaces annulaires extérieurs A^{VI}, A^{VII}, A^{VIII}, A^{IX}; d'où il résulte que la demi-circonférence de la Galaxie doit avoir un éclat décroissant en partant d'Ophiuchus et atteindre son minimum dans le point opposé de la constellation de la Licorne. Le minimum d'éclat de la Galaxie qui occupe toute la longueur du Navire et celle du Cocher fit reconnaître que c'est la masse brûlante du corps central et les amas de vapeur ambiants qui occupent toute l'étendue de la région de la Galaxie sur laquelle se projettent les étoiles de la constellation entière de la Licorne. La diminution subite de l'éclat commence aux points des limites de l'astre qui sont dans le Navire, de même que du côté de l'autre

limite qui est entre la Licorne et le Cocher. L'éclat de
la Galaxie subit des diminutions non pas graduelles, mais
bien tranchées, des deux côtés des limites de l'Hélioagète.

Pour bien connaître la position perspective des Pléiades
ε''', des Hyades ε'' et des étoiles ε' de l'anneau A′, il faut
admettre : 1° une multitude d'étoiles circulant autour
du Soleil dans les orbites de la Terre, de Vénus et de
Mercure, et 2° l'observateur placé dans l'un des deux
points de l'orbite de Mars les plus éloignés de l'écliptique.
Les étoiles e''' qui circulent dans l'orbite terrestre paraîtront sur un plan presque perpendiculaire à l'écliptique,
et, au lieu d'apparaître allant de l'ouest à l'est, elles paraîtront avoir un mouvement de nord−est vers sud-ouest.
Les étoiles e'', e' paraîtront également projetées ; cependant cela n'empêche pas que la vitesse V des étoiles e'
paraît supérieure, puis celle v des étoiles e'', et la vitesse
inférieure v se trouvera dans les étoiles e'''.

Les Pléiades séparées de l'Hélioagète par la distance
$2^3 \Delta$ se trouvent projetées plus loin de la Licorne que les
Hyades séparées de l'Hélioagète par la distance $2^2 \Delta$. La
vitesse moyenne des quatorze étoiles mobiles des Pléiades
est 5″,5, et celle des douze étoiles ε'' des Hyades est 12 secondes. En avançant jusqu'au delà d'Orion, on rencontre
les étoiles ε' d'une vitesse de 36 secondes environ, précisément comme cela aurait dû avoir lieu si l'observation se
faisait dans le système planétaire de la manière indiquée.

En admettant dans l'orbite de Mars une multitude d'é-
toiles, comme cela a lieu pour l'espace A^{IV} dans lequel
circule le Soleil avec les étoiles ε^{IV} inférieures et d'autres E^{IV}
supérieures, il arrivera que quelques-unes de ces étoiles
posséderont un mouvement apparent de vitesse et de
direction autres que celles du Soleil; je dis un mouvement apparent, non parce que le mouvement manque
aux autres étoiles, mais parce que son apparition est un
effet de l'inclinaison i des orbites des étoiles pareilles

sur l'orbite du Soleil. Les mouvements apparents des étoiles correspondent exactement à ceux des planétoïdes, en admettant l'observateur sur l'une d'elles.

Dans les tableaux suivants nous donnons les vitesses des quinze étoiles mobiles ε''' des Pléiades, des vingt et une étoiles ε'' des Hyades, et dans le troisième tableau nous indiquons le nombre des étoiles mobiles de la voûte céleste et leurs vitesses. Mais la direction du corps central n'étant pas connue des astronomes, au lieu de prendre pour rayon vecteur celui qui passe par la Licorne, Mædler l'admit dans les Pléiades, et il obtint ainsi des résultats qui n'offrent aucune symétrie apparente.

§ 95. **PARTAGE DE LA VOUTE CÉLESTE EN 18 RÉGIONS.** En admettant comme rayon vecteur la ligne qui unit le Soleil et les Pléiades, Mædler fait passer (*fig.* 13) un plan *mn* par

Fig 13.

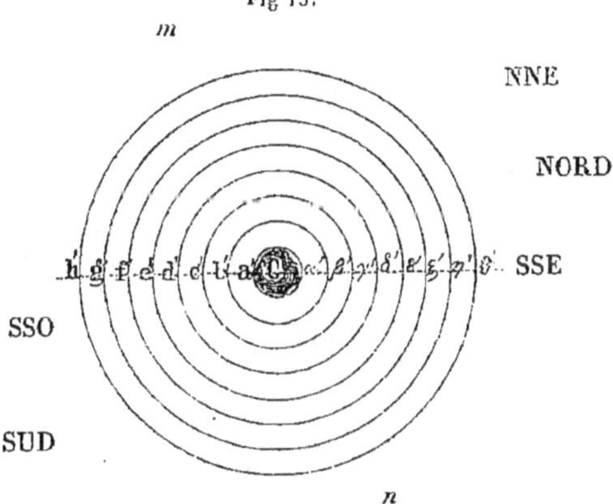

le Soleil perpendiculairement à ce rayon ; la voûte céleste se trouve ainsi divisée par le plan H, nommé *horizon du système solaire*, en un *hémisphère inférieur* où sont les Pléiades, et en un *hémisphère supérieur* où est l'arc α de la Galaxie, qui se sépare du grand anneau à une distance angulaire de 120 degrés.

Pour diviser l'espace de chaque hémisphère, on tire

du centre de l'horizon dix-huit rayons à des distances angulaires de 10 degrés, et on décrit dix-huit cônes ayant pour axe commun la ligne qui passe par le Soleil et les Pléiades, et non par le rayon vecteur réel qui passe par le Soleil et le milieu de la masse la plus lumineuse de la Galaxie. Chacun des deux hémisphères projetés sur l'horizon se trouve subdivisé en huit anneaux autour d'un cercle central C ayant pour diamètre $2r = a'\alpha'$.

En admettant en C les Pléiades, les Hyades seront en a' et les étoiles ε' de l'anneau A' entre a' et b'; l'Hélioagète est en c'. Ainsi, sur la perpendiculaire qui passe par ce point c' sur le plan de la figure, se trouvent : 1° les étoiles ε''' des Pléiades projetées en C; 2° les étoiles ε'' des Hyades projetées en a'; 3° les étoiles ε' projetées en a' et b'. L'espace qui se trouve placé entre Orion, la Licorne et le Grand-Chien est occupé par l'Hélioagète, au centre de la Galaxie.

En Europe, une calotte de la voûte céleste reste toujours au-dessus de l'horizon, et une autre calotte égale autour du pôle austral reste invisible; c'est pour cette raison que les étoiles de la calotte invisible n'entrent pas dans le partage de l'espace des deux hémisphères.

Le lecteur doit se rappeler la cause qui accélère les changements des jours et des nuits un mois avant ou après chacun des équinoxes; cette cause est un maximum de vitesse q dans les changements des distances réelles δ entre les plans des deux orbites. Remarquons qu'en général la rencontre des plans orbiculaires des étoiles avec celui du Soleil s'opère dans le rayon vecteur qui passe : 1° par C verticalement sur la figure, et 2° par les nœuds Ω. 1° Dans les distances de 30 degrés de ces nœuds, les changements des distances réelles δ entre les plans des étoiles et celui du Soleil acquièrent un maximum q; 2° un semblable maximum illusoire q' apparaît à 30 degrés des deux côtés de l'horizon H.

TABLEAU DES ÉTOILES MOBILES DANS LES PLÉIADES ET LES HYADES
OBSERVÉES PAR BRADLEY.

Étoiles mobiles des Pléiades et leur vitesse séculaire.

NOMS DES ÉTOILES.	VITESSES.	NOMS DES ÉTOILES.	VITESSES.
Astérope l	$3'',9$	Astérope	$5'',7$
Mérope p	$4,5$	Atlas	$5,9$
Taygète	$4,6$	Taureau (26)	$6,1$
Alcyon	$4,7$	Alcyon (522)	$6,4$
Électre	$4,9$	Céléno	$7,2$
Maïa	$4,9$	Pléione	$7,5$
Mérope	$5,5$	(523)	$9,9$
Électre m	$5,6$		

Étoiles mobiles des Hyades et leur vitesse séculaire.

NOMS DES ÉTOILES.	VITESSES.	NOMS DES ÉTOILES.	VITESSES.
63 du Taureau . . .	$3'',0$	7^1 du Taureau . . .	$9'',9$
84 » . . .	$3,2$	7^1 » . . .	$10,5$
o² » . . .	$3,2$	θ² » . . .	$11,0$
θ¹ » . . .	$3,3$	δ² » . . .	$11,4$
75 » . . .	$4,3$	δ¹ » . . .	$12,6$
70 » . . .	$5,2$	76 » , . .	$13,0$
85 » . . .	$5,6$	ρ » . . .	$13,0$
o¹ » . . .	$6,1$	81 » . . .	$13,9$
83 » . . .	$6,5$	δ³ » . . .	$15,0$
80 » . . .	$8,4$	79 » . . .	$15,0$
89 » . . .	$9,9$		

Toutes ces étoiles entrent dans l'espace de l'hémisphère
inférieur éloigné de 3o degrés de l'axe; l'espace correspondant de l'hémisphère supérieur n'a pas d'é-
toiles correspondantes.

TABLEAU DE LA DISTRIBUTION DES ÉTOILES MOBILES ET DE LEUR VITESSE OBSERVÉES ET VÉRIFIÉES PAR MÆDLER.

Régions des distances angulaires égales de l'horizon.

RÉGIONS INCOMPLÈTES.									
RÉGIONS DE L'HÉMISPHÈRE INFÉRIEUR.					RÉGIONS DE L'HÉMISPHÈRE SUPÉRIEUR.				
Distances angulaires.	Étoiles mobiles.	Vitesses v moyennes.	Vitesses V maxima.	$\dfrac{nv-v}{n-1}$	Distances angulaires.	Étoiles mobiles.	Vitesses v moyennes.	Vitesses V maxima.	$\dfrac{nv-v}{n-1}$
90 à 80	277	10,89	527,8	9,2	90 à 80	218	9,71	73,8	9,42
80 à 70	246	10,95	192,5	10,20	80 à 70	221	9,56	78,9	9,60
70 à 60	273	10,03	113,3	9,23	70 à 60	163	11,71	117,4	11,06
RÉGIONS COMPLÈTES.									
60 à 50	275	11,97	208,8	11,25	60 à 50	163	12,51	118,0	11,92
50 à 40	269	10,41	383,3	8,64	50 à 40	123	12,07	225,7	10,32
40 à 30	264	9,79	409,1	8,35	40 à 30	92	10,01	131,6	8,67
30 à 20	189	9,78	119,9	9,20	30 à 20	87	13,33	113,2	12,17
20 à 10	100	8,20	53,6	7,74	20 à 10	58	9,16	59,8	8,27
10 à 0	45	7,71	25,3	7,30	10 à 0	44	7,30	72,0	3,94

A. DE LA DISTRIBUTION DES ÉTOILES MOBILES ET DE LEURS VITESSES.

§ 96. Dans les trois tableaux se trouvent exposées avec la plus grande exactitude les vitesses perceptibles des étoiles. J'ai prouvé : 1° que les étoiles ε''' des Pléiades sont nombreuses à cause de leur âge moins avancé; 2° que leur vitesse est médiocre à cause de leur distance $2^8\Delta$ de l'Hélioagète, et 3° qu'elles sont éloignées du plan de la Galaxie, parce qu'elles sont vues du Soleil obliquement. De même il a été prouvé que les Hyades ne sont pas moins nombreuses, mais qu'elles sont moins lumineuses que les Pléiades, parce que celles-ci contiennent un certain nombre des étoiles ε^{iv} de l'espace annulaire A^{iii}, comme le fait voir leur vitesse moyenne, qui est de $5'',5$, tandis que celle des Hyades est $12'',5$.

§ 97. **DÉTAILS DES VITESSES ET DES DIRECTIONS DES PLÉIADES.** En séparant la seule étoile de vitesse séculaire $9'',9$, qui n'est pas une des étoiles ε^{iii} de l'espace annulaire A^{iii}, on a $5'',5$ pour la moyenne des vitesses des quatorze autres étoiles dont les plans des orbites se projettent en perspective sur un plan H' presque parallèle à celui de l'horizon H. Les arcs A réels parcourus dans l'orbite se projettent sur l'horizon H' et apparaissent moins grands.

Les étoiles ε^{iii} paraissent dirigées vers le Lion, précisément comme le sont les arcs a qui résultent de la projection des arcs réels A. La densité exceptionnelle des étoiles dans les Pléiades résulte : 1° de leur âge, et 2° du rétrécissement des arcs A qui deviennent a projetés sur l'horizon H'.

§ 98. **DÉTAILS DES VITESSES ET DES DIRECTIONS DES HYADES.** Le mélange des étoiles ε^{iii} de l'anneau A^{iii} avec celles ε^{ii} de l'anneau A^{ii} devient évident si l'on considère : 1° les vitesses entre $6'',5$ et 3 secondes, qui appartiennent aux étoiles ε^{iii}, et 2° les vitesses entre $8'',4$ et 15 secondes, qui appartiennent aux étoiles ε^{ii}. Dans les étoiles des Pléiades il n'en est qu'une seule de vitesse $9'',9$, tandis qu'il y en a douze de vitesse entre $8'',4$ et 15 secondes dans les Hyades; les neuf autres étoiles des Hyades avec les quatorze précédentes des Pléiades sont des étoiles ε^{iii} du troisième espace A^{iii}. Les étoiles de l'espace annulaire A^{ii} étant d'un âge plus avancé que celles de l'espace A^{iii}, les moins grosses sont devenues invisibles. Telle est la cause de la densité moindre des étoiles dans les Hyades que dans les Pléiades. Il a été prouvé que l'avancement en âge a pour cause la vitesse supérieure du mouvement orbiculaire.

§ 99. **DÉTAILS DES VITESSES ET DU NOMBRE DES ÉTOILES MOBILES DE L'HÉMISPHÈRE INFÉRIEUR.** Dans la direction des

Pléiades il n'entre que des étoiles ε''' de l'espace annulaire A''' et des étoiles solaires ε^{IV} de l'espace A^{IV}. Parmi celles-ci se trouvent celles qui ont un mouvement direct et celles qui ont un mouvement rétrograde; des centaines et des milliers d'autres paraissent immobiles; au contraire, les étoiles ε''' ont un mouvement dirigé vers le Lion et une vitesse moyenne de $5'',5$. Dans les Pléiades il existe plus de 500 étoiles ε^{IV} immobiles.

1° *Région entre* 0 *et* 10 *degrés.* Dans les 45 étoiles mobiles entrent : 1° celles ε''' qui occupent l'extrémité supérieure de l'espace annulaire A'''; elles ont une vitesse séculaire moyenne apparente de $5'',5$, et 2° celles ε^{IV} qui circulent dans l'espace A^{IV} dans des orbites plus ou moins inclinées sur celle du Soleil, pour former avec lui un angle i. C'est de la grandeur de cet angle que dépend la vitesse apparente des étoiles, et il est suffisamment grand, car un angle très-petit fait paraître l'étoile immobile; la grandeur de cet angle est limitée, comme l'est celle des inclinaisons des orbites des planètes et des planétoïdes, qui s'élève pour Pallas jusqu'à 36 degrés. Les centaines d'étoiles qui paraissent immobiles circulent autour de l'Hélioagète avec une vitesse peu différente de celle du Soleil et dans des orbites dont le plan est peu incliné sur celui de l'orbite solaire.

2° *Région entre* 10 *et* 20 *degrés.* La somme des longueurs des deux arcs $a'b'$ et $\alpha'6'$ diffère peu du diamètre $a'\alpha'$ du cercle central, et cependant le nombre des étoiles mobiles devient plus que double, et cela parce qu'il y entre des étoiles ε''' et ε'' en quantités considérables, lesquelles manquent dans l'espace égal de la région correspondante de l'hémisphère supérieur, dans lequel ne se trouvent que 58 étoiles mobiles qui sont toutes e^{IV} de l'espace annulaire A^{IV}.

3° *Région entre* 20 *et* 30 *degrés.* Le nombre des étoiles mobiles devient presque double, parce qu'il y entre les étoiles ε''', ε'', ε' des trois espaces annulaires A''', A'', A', et de plus une quantité q des étoiles solaires ε^{IV}; cette quantité correspond à celle q' des étoiles ε^{IV} de l'espace correspondant de l'hémisphère supérieur, lesquelles ne sont qu'au nombre de 87. Les nombres 189 et 87 ne correspondent pas aux étoiles de mouvement provenant d'une cause commune, parce qu'en pareil cas les nombres des étoiles mobiles seraient proportionnels aux espaces et aux vitesses, tandis qu'ici c'est le contraire qui a lieu : la vitesse moyenne des 87 étoiles est $13'',33$, et celle des 189 étoiles n'est que de $9'',78$.

4° *Région entre* 30 *et* 40 *degrés.* Le nombre des étoiles mobiles atteint presque un maximum limité par l'horizon H. Le nombre 92 des étoiles mobiles de l'espace correspondant de l'hémisphère supérieur fait voir que la différence 264 — 92 résulte d'étoiles ε''', ε'', ε' qui circulent entre le Soleil et l'Hélioagète dans la direction du Lion, et ces étoiles manquent du côté supérieur de l'horizon.

5° *Région entre* 40 *et* 90 *degrés.* Dans ces distances angulaires il n'entre plus d'étoiles ε''', ε'', ε' des espaces inférieurs, mais il s'y trouve au-dessous de l'horizon H des quantités d'étoiles ε^{IV} qui circulent dans des orbites de rayon supérieur à celui de l'orbite du Soleil; de sorte qu'il y a un excédant d'étoiles au-dessous de cet horizon H, ce qui y fait augmenter le nombre des étoiles mobiles sans subir d'influence remarquable des régions incomplètes où la position de l'horizon H est verticale sur la ligne qui va du Soleil aux Pléiades, au lieu de l'être sur la ligne qui va du Soleil vers l'Hélioagète.

§ 100. VITESSES MOYENNES DES ÉTOILES DES DEUX COTÉS DE L'HORIZON. Les vitesses moyennes sont obtenues par la formule $\dfrac{n\varrho - v}{n - 1}$ des vitesses moyennes les moins exactes.

Dans les distances de 3o et 6o degrés des deux côtés de l'horizon se trouvent d'une part les maxima de vitesse 11″,25 et 9″,20, et de l'autre 11″,92 et 12″,17. Ces quatre maxima de vitesse ne doivent pas être considérés comme un fait accidentel; leur origine se trouve dans la cause qui produit l'apparition du mouvement d'un petit nombre d'étoiles, tandis que des milliers d'autres paraissent immobiles sans qu'il soit possible d'attribuer cette différence à celle des distances, car le plus souvent les étoiles de première, deuxième, troisième grandeur sont immobiles, et les étoiles télescopiques sont mobiles. (*Voir* p. 115.)

Ces quatre maxima de vitesse moyenne ne correspondent pas aux maxima des Sporades 527″,8 et 409″,1 du dessous de l'horizon, et de 225″,7 du dessus de ce même horizon, mais aux angles 3o et 6o degrés.

B. DU MODE D'APPARITION DU MOUVEMENT DIRECT ET DU MOUVEMENT
RÉTROGRADE DES ÉTOILES SOLAIRES.

§ 101. Pour qu'un mouvement des étoiles solaires ε^{IV} et E^{IV} qui circulent avec le Soleil dans l'espace annulaire A^{IV} apparaisse, il faut que les plans de leur orbite forment un angle i avec celui de l'orbite solaire; la vitesse du mouvement apparent correspond : 1° à la grandeur de l'angle i, et 2° aux distances angulaires ou à l'arc $s\,\Omega$ (*fig.* 14) qui sépare le Soleil du nœud, et à l'arc $e\,\Omega$ qui sépare l'étoile du même nœud.

§ 102. **APPARITION DU MOUVEMENT DES ÉTOILES.** Les angles visuels des étoiles ont un côté qui est le prolongement de l'orbite solaire, qui est une direction invariable; l'autre côté de l'angle visuel Γ est le rayon qui arrive de l'étoile observée. Si l'angle Γ augmente du côté où le Soleil s'avance pour devenir $\Gamma + \gamma$, nous disons que l'étoile a un mouvement direct, parce qu'il paraît s'éloigner en avant du Soleil; si au contraire l'angle croît et devient $\Gamma + \gamma'$

du côté où le Soleil s'éloigne, nous disons que l'étoile a un mouvement rétrograde, parce que ce mouvement paraît avoir lieu en arrière du Soleil et s'en éloigner.

Dans l'un et dans l'autre cas la vitesse du mouvement est déterminée par l'angle γ et γ', parce que tous les mouvements des étoiles ne sont qu'angulaires. Si les étoiles terminent leur révolution autour de l'Hélioagète en un espace de temps plus court que le Soleil, elles paraissent avancer sur le Soleil comme le font les étoiles ε''', ε'', ε' des trois espaces annulaires. Si les étoiles terminent leur révolution en un espace de temps plus long que le Soleil, elles paraîtraient reculer, comme cela a lieu pour les planètes supérieures quand elles sont en opposition. Dans les espaces annulaires A^{vi}, A^{vii} supérieurs, il n'existe pas de semblables étoiles, ou, s'il y a des étoiles de mouvement direct ou rétrograde, ce mouvement a son origine : 1° dans l'angle i d'inclinaison des orbites des étoiles mobiles sur celle du Soleil, et 2° dans leur position par rapport au nœud Ω.

§ 103. **APPARITION DU MOUVEMENT DIRECT.** Les étoiles solaires ε^{iv} et E^{iv} de l'espace A^{iv} terminent leur révolution en des espaces de temps peu différents l'un de l'autre, comme cela a lieu pour les planétoïdes; si donc l'angle i d'inclinaison des orbites est petit, comme cela est le cas pour des milliers d'étoiles, elles paraissent toujours sous le même angle visuel Γ, et pour cela elles sont considérées comme immobiles. Mais si l'angle d'inclinaison i est grand, et si l'étoile observée e (*fig.* 14) s'éloigne du nœud Ω vers lequel s'avance le Soleil s, ou si celui-ci s'en éloigne lorsque l'étoile s'avance, l'angle visuel Γ change en devant et devient $\Gamma + \gamma$ ou $\Gamma - \gamma'$. Soit le Soleil en s et l'étoile en e, avançant dans leurs orbites $s\,\Omega$ et $\Omega\,e$ qui se coupent en Ω sous un angle i assez grand. L'angle visuel de l'étoile est $\Gamma = \Omega\,se$. En un espace de temps le Soleil parcourt dans son orbite l'arc ss', et l'étoile e

parcourt un arc presque égal ee' dans la sienne. L'angle visuel de l'étoile e' est devenu, en s', $\Omega s'e' = \Omega se + eoe'$. Pour que les triangles eoe' et oss' soient égaux, il ne suffit pas que l'angle o et les côtés ee', ss' soient égaux, il faut encore qu'ils aient un autre côté égal, et cela n'a

Fig. 15.   Fig. 14.

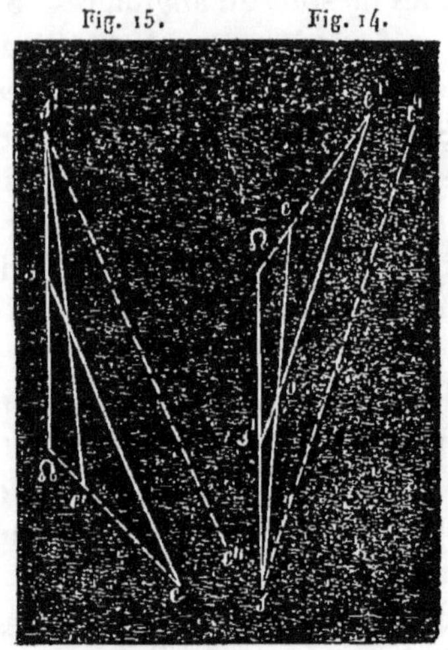

lieu que dans le cas où les distances Ωs et $\Omega e'$ sont égales.

L'angle visuel croît et devient $\Gamma + \gamma$; cependant l'accroissement γ qui s'est opéré en un espace de temps T, pendant lequel le Soleil et l'étoile parcoururent les arcs égaux ss' et ee', n'est pas une quantité q constante, car celle-ci diminue lorsque les distances $s\Omega$ et $e'\Omega$, qui séparent le nœud Ω du Soleil et de l'étoile, deviennent beaucoup plus grandes que 30 degrés; au contraire elle atteint un maximum dans le cas où les distances Ωs et $\Omega e'$, dont l'une est l'éloignement précédent Ωs du Soleil, et l'autre $\Omega e'$ est l'éloignement final des étoiles, sont de 30 degrés. Dans les mouvements observés du nœud Ω un second maximum de vitesse qui n'est pas réel apparaît à la distance de 60 degrés (§ 95).

Au lieu de s'avancer vers le nœud, le Soleil peut s'en

éloigner lorsque l'étoile e (*fig.* 15) s'avance; en ce cas l'angle visuel diminue et devient $\Gamma - \gamma$ ou $\Omega\, se - o = \Omega\, s'e'$. En admettant la distance ss' parcourue par le Soleil et celle ee' parcourue par l'étoile, celle-ci paraît s'avancer vers le nœud dont le Soleil s'éloigne. La quantité q acquiert, comme dans le cas précédent, un maximum dans les distances de 30 degrés du nœud $\Omega\, s = \Omega\, e'$. Sans avoir cherché à atteindre ce but, les quatre maxima des vitesses moyennes indiquées dans le tableau de la page 108 se trouvèrent dans les quatre distances de 60 degrés et de 30 degrés au-dessus et au-dessous de l'horizon solaire H. L'étoile arrivée en e' paraît dans la direction se'', parce que le déplacement du Soleil reste imperceptible dans les observations des mouvements des étoiles.

§ 104. **APPARITION DU MOUVEMENT RÉTROGRADE DES ÉTOILES SOLAIRES.** Les étoiles solaires ε'' et E^{IV} qui circulent avec le Soleil dans l'espace annulaire A^{IV} ont une vitesse peu différente de celle du Soleil, de même que les vitesses des planétoïdes entre elles. Il n'y a donc apparition de mouvement que pour les étoiles dont l'orbite coupe celle du Soleil pour former un angle d'inclinaison i. Le Soleil et l'étoile, au lieu de se trouver l'un d'un côté du nœud et l'autre de l'autre, peuvent se trouver tous les deux de l'un ou de l'autre côté.

En cas pareils, le Soleil, s'avançant de s (*fig.* 16) vers le nœud, l'étoile e s'avance avec une égale vitesse; le Soleil parcourt l'arc ss' égal à celui ee' parcouru par l'étoile. L'angle visuel précédent $\Omega\, se = \Gamma$ devient, après un espace de temps supérieur, $\Gamma + \gamma = \Omega\, s'e'$. En admettant le Soleil immobile en s, l'étoile nous paraît s'être déplacée de e à e'' dans la direction se'' parallèle à $s'e'$. A cause de l'accroissement de l'angle visuel précédent $\Omega\, se$, qui devient $\Omega\, se + ese''$, l'étoile paraît avoir éprouvé un déplacement rétrograde de e en e''.

Au lieu de s'avancer vers le nœud Ω, le Soleil et l'é-

8.

toile peuvent s'en éloigner en parcourant des distances
égales *ss'* et *ee'* (*fig.* 17) en un même espace de temps.
L'angle visuel est Ωse dans l'observation précédente ;
après un espace de temps il devient $\Omega s'e'$ égal à $\Omega se''$.
L'étoile, en se déplaçant de *e* vers *e'*, paraît se déplacer
de *e* vers *e''* et parcourir la distance *ee'''* parallèle à l'or-

Fig. 17.　　　　　　　Fig. 16.

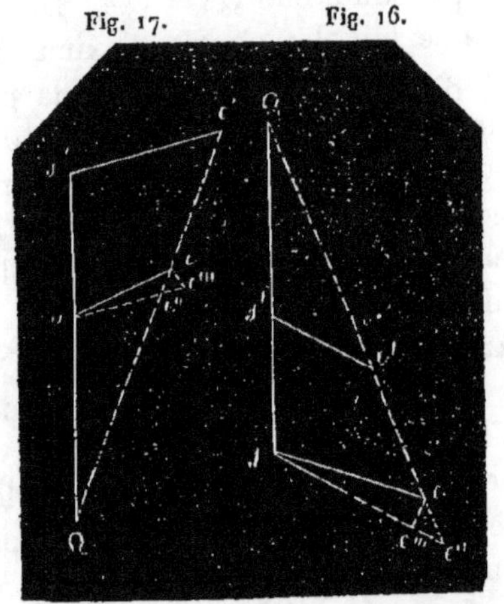

bite solaire Ωs. Les déplacements apparents sont indiqués
par le *sinus* de l'angle d'inclinaison *i* de l'orbite de l'étoile.

IX. LIAISON PHYSIOLOGIQUE ENTRE LA NATURE DES SENSATIONS, CELLE DE LA LUMIÈRE ET LES CORPS VISIBLES.

§ 105. Nous n'acquérons la connaissance des corps
célestes qu'au moyen de la lumière qui est incolore, venant du Soleil, de Vénus et de quelques autres étoiles ;
elle est colorée, venant de la Lune, des planètes ou des
étoiles. La pénétration des filets d'atomes de lumière dans
le nerf fait sentir leur direction ; pour y pénétrer, il faut
que les filets précédents, qui sont contenus dans le nerf
à l'état stationnaire, en soient repoussés. Pour ce déplacement des atomes stationnaires dans le nerf, il faut un
certain degré de poussée de la part des atomes arrivant,

et par suite de la part des atomes Φ accumulés dans les corps lumineux. Les atomes de lumière sont de même nature, il n'y a que leurs densités qui diffèrent.

Des corps partent des atomes de lumière φ incolores ou colorés, en des directions rectilignes centrifuges; par suite une poussée p qu'ils éprouvent de la part des autres Φ qui y restent. Les atomes de la lumière colorée se propagent en ondes dont la longueur diffère pour chaque couleur; une telle longueur λ est plus courte que l'épaisseur l de la rétine, et celle-ci est inférieure à la longueur 2λ des deux ondes. Le nerf non paralysé est parcouru par l'électricité, qui se mêle avec les atomes de lumière φ contenus dans la longueur λ d'une seule onde, et ce mélange $E\varphi$ d'électricité E de nerf et des atomes de lumière φ de l'onde λ est ce qu'on doit entendre par le mot *sensation;* la sensation a une existence réelle et a pour éléments des fluides impondérables possédant la propriété d'augmenter de volume par l'expansion.

§ 106. **couleur des étoiles.** La longueur λ des ondes de chaque couleur diffère; pour cette raison leurs sensations diffèrent, car chacune de celles-ci ne contient qu'une seule onde dont la longueur peut être une des sept λ', λ'', λ''',..., λ^{vii}. Dans la lumière incolore il n'existe pas d'ondes d'une certaine longueur déterminée, car elles y entrent toutes les sept. La lumière ne devient colorée que par la suppression de quelques-uns de ses éléments; ces suppressions sont produites par les corps célestes de forme ovalaire aussi bien que par le prisme. Ainsi nous sommes en état de connaître la forme ovalaire des étoiles, et par cette forme et par l'ordre des couleurs produites par le prisme dans le spectre, il nous suffit de la couleur d'une étoile pour en déduire la position du plan de son orbite.

Il y a, d'une part, une liaison réelle entre les sensations des couleurs des corps célestes et leur forme ovalaire;

de l'autre part, il y a une liaison entre les couleurs du spectre : ainsi nous pouvons déterminer la position de l'orbite par la couleur de l'étoile, parce que sur son plan se trouve le grand diamètre de l'étoile de forme ovalaire qui n'a pas encore acquis un mouvement rotatoire, car ce mouvement fait disparaître les sensations des couleurs.

§ 107. **MOUVEMENTS DES CORPS CÉLESTES.** Nous ne sentons que la direction suivant laquelle pénètre dans le nerf le filet des atomes de lumière conduisant, par leur direction, au corps observé. Pour nous convaincre que l'étoile se déplace, nous mettons un tuyau dans la même direction, et nous nous apercevons que l'étoile n'est pas visible à travers comme précédemment. Les mouvements et leurs vitesses ne sont donc que des résultats d'observation basée sur les sentiments de la direction, car leur direction est déterminée au moyen de celle du tuyau, et leur vitesse résulte du rapport $\gamma : T$ entre l'angle γ que le tuyau décrit et le temps T écoulé depuis l'observation précédente.

108. **INTENSITÉ DE LA LUMIÈRE.** Pour quitter le nerf, les atomes de lumière stationnaires doivent éprouver un certain degré de poussée p exercée sur eux par une masse d'atomes pareils accumulés dans le corps lumineux. Cette masse M peut occuper une grande surface S ayant une petite densité δ ; elle peut aussi occuper une petite surface ayant une grande densité $\delta + \delta'$. Pour comparer les intensités l et L de la lumière des deux étoiles e et E, on fait diminuer l'intensité L pour en prendre la moitié ou le quart, qui est égal à l'intensité l de l'étoile e.

De pareilles comparaisons, faites entre les intensités des planétoïdes, ont servi à en déterminer les grosseurs relatives, parce que ces corps, étant tous de minces ballons de glace vides au milieu et de forme ovalaire, dispersent des quantités de lumière solaire proportionnelles à leur grosseur. Ces comparaisons entre les intensités de lumière ont été souvent employées pour déterminer les grosseurs des étoiles, sans cependant parvenir au même résultat, parce que les planétoïdes se trouvent à des distances de la Terre peu différentes, tandis que les distances entre le Soleil et les étoiles varient beaucoup. Mais les physiciens ne purent comprendre comment il se fait que les atomes de lumière puissent se soutenir en propagation centrifuge avec une vitesse invariable pendant des milliers de siècles, et posséder encore une poussée suffisante pour déplacer les filets des atomes stationnaires dans le nerf.

§ 109. Excepté la clarté supérieure de l'Hélioagète, celle des nébuleuses planétaires et des nébuleuses globulaires ne diffère pas autant que l'Hélioagète ne diffère des nébuleuses de la Voie lactée. Les grandes différences entre les distances qui nous séparent des nébuleuses pareilles sont en raison inverse des grandes étendues occupées par chaque genre de ces nébuleuses; de sorte que l'intensité de la lumière ou la poussée exercée sur les filets des atomes de lumière gagne dans les masses ce qu'elle perd dans les distances. Pour que l'Hélioagète soit plus lumineux que les nébuleuses qui forment la Voie lactée, il faut qu'il en soit moins éloigné et que sa masse brûlante soit plus considérable.

X. LUMIÈRE NATURELLE ET LUMIÈRE POLARISÉE OU APLATIE.

110. L'expansion des atomes de lumière s'opère suivant la même loi que celle des gaz comprimés : la différence ne consiste que dans les degrés de compression ; la plus forte compression possible des gaz, quand même on l'admettrait exercée par des milliers d'atmosphères, est plusieurs millions de fois inférieure à celle des atomes de lumière. Si le gaz est conduit par l'intervalle λ entre deux plaques parallèles, il en sort en forme de lame qui est le prolongement de l'intervalle λ des plaques p, p'.

En plaçant dans ce prolongement un autre couple de plaques P, P', la lame l aérienne y pénétrera pour aller se propager plus loin. Pour intercepter cette propagation d'air, il suffit de faire tourner les plaques P, P' de façon à les faire devenir verticales par rapport aux précédentes.

Tous ces faits subsistent également pour les atomes de la lumière qu'on laisse passer par les intervalles λ formés entre les couches parallèles des molécules des cristaux. Ceux-ci ont une structure composée : 1° des couches c, c, c,... horizontales ; 2° des couches c, c, c,... méridionales, et 3° des couches C, C, C,..., équatoriales. Si la lumière est verticale après avoir traversé le cristal x, ses atomes se propagent suivant le plan du méridien et suivant celui du parallèle ; ils ont perdu l'expansion horizontale, et ils continuent de se propager à travers un second cristal x' parallèle au précédent. Si on tourne ce cristal x' du sud vers le nord pour rendre verticales les couches horizontales en restant toujours dans la direction méridionale, les $\frac{1}{2}\,\varphi$ atomes de lumière seront interceptés par les couches c, c, c, ..., et les autres $\frac{1}{2}\,\varphi$ passent comme précédemment par les intervalles des couches méridionales c, c, c,...

Pour savoir donc si les atomes de lumière qui arrivent d'un corps céleste possèdent leur expansion dans toutes les directions, nous les faisons passer par un cristal x' que nous tournons pour voir s'il y a une diminution de clarté, laquelle indiquerait qu'il y a dans la lumière un certain nombre d'atomes privés du pouvoir expansif en une certaine direction qui est reconnue au moyen du cristal. En évaluant le degré de diminution de la clarté, nous connaissons le rapport $q : q'$ existant entre la quantité $q\varphi$ d'atomes de lumière à l'état naturel et la quantité $q'\varphi°$ d'atomes de lumière aplatis, qu'on disait polarisés lorsqu'on ignorait en quoi consiste cet état de lumière. Cet aplatissement des atomes de lumière résulte de la réflexion de la lumière, car alors l'expansion transversale est interceptée, et il ne reste que celle qui a lieu suivant le plan de réflexion ; il résulte aussi de la réfraction un aplatissement des atomes de lumière ; mais en ce cas l'expansion verticale à celle qui résulte de la réflexion est interceptée. Si la lumière arrive verticalement sur les corps opaques ou sur les corps transparents, ses atomes n'éprouvent aucun aplatissement, ils restent en un état qui ne diffère pas de celui qu'ils avaient précédemment ; mais cela n'a pas lieu si le corps transparent est un cristal, car alors ont lieu les effets indiqués.

Les atomes de lumière émanés de la flamme des combustibles n'éprouvent aucun aplatissement, car leur expansion s'opère également dans toutes les directions. Les métaux incandescents, au contraire, répandent des atomes de lumière contenant une quantité d'atomes aplatis dans le même sens que ceux qui ont éprouvé une réfraction, ce qui prouve qu'il y a réfraction dans des directions divergentes, car cet aplatissement manque aux atomes émis dans une direction verticale.

111. Au lieu d'envisager les faits dans leur état réel et de les coordonner comme causes et effets liés entre eux par la loi physique, les physiciens, qui ignoraient en quoi consiste la polarisation de la lumière, ont admis que les flammes des combustibles émettent la lumière à l'état naturel, et que les corps solides incandescents l'émettent mêlée d'une quantité $q\varphi$ à l'état naturel et d'une autre $q'\varphi^o$ aplatie. Arago a cru avoir découvert dans cette propriété de la lumière que le Soleil était entouré d'une photosphère, parce que, s'il était un métal solide incandescent, sa lumière serait aplatie et elle ne serait pas toute à l'état naturel comme elle est réellement.

Du temps d'Arago on ignorait que le Soleil n'est ni

un métal incandescent, ni entouré d'une photosphère, et qu'il consiste en une enveloppe de glace transparente qui sépare le froid de l'espace de la masse dense et brûlante. La lumière transmise verticalement en direction centrifuge n'éprouve aucune réfraction, et par suite il ne s'y produit aucun aplatissement comme on peut s'en assurer à l'aide de masses brûlantes renfermées dans des ballons sphériques.

La lumière réfléchie de la Lune, des planètes et des comètes paraît aplatie, celle des étoiles ne l'est pas; cet état de lumière sert à prouver : 1° que parmi les corps célestes, les uns réfléchissent la lumière incidente, comme font les planètes et les comètes; 2° que les autres la laissent pénétrer, comme cela a lieu pour les amas de vapeur des nébuleuses, et 3° qu'il est d'autres corps qui contiennent une masse brûlante dense renfermée dans une enveloppe solide de glace transparente; de ces soleils émane la lumière à l'état naturel, sans éprouver aucun aplatissement. J'ai traité en détail de la polarisation de la lumière dans la *Physique simplifiée*.

XI. ILLUSIONS D'OPTIQUE PRODUITES PAR LES FORMES DES CORPS CÉLESTES.

§ 112. Sur la Terre nous pouvons, suivant la loi de la perspective, produire plusieurs espèces d'apparences illusoires, et cela quelquefois par un mouvement rapide des corps, d'autres fois par quelques modifications dans leur forme, mais le plus souvent, et à un degré supérieur, les illusions résultent de la forme et des mouvements des corps. Des apparences analogues se trouvent produites par la Lune, certaines planètes et certains satellites, et ce résultat est dû à leur forme ovalaire; alors donc que cette forme de ces corps était inconnue, on n'était pas en état de s'apercevoir du mode de production de leurs apparences illusoires.

§ 113. ILLUSIONS PRODUITES PAR LA FORME OVALAIRE SANS MOUVEMENT. Le grand diamètre de la Lune reste 1° toujours dirigé vers le centre terrestre, et 2° sur le plan de son orbite, de même que les grands diamètres des satellites, qui circulent autour de leur planète comme le fait la Lune autour de la Terre ; il en résulte que la seule portion sur la Lune qui soit visible de la Terre est son hémisphère soulevé projeté sur son disque. A cause des aspérités de sa surface, pendant sa révolution autour de la Terre, les sommets de ces aspérités apparaissent avant leur pied. Lorsque les astronomes ignoraient la forme ovalaire de la Lune, ils lui attribuaient une forme sphérique et en déduisaient l'existence sur elle d'une grande quantité de montagnes d'une hauteur dix fois plus considérable qu'elle n'est en réalité ; les hauteurs trouvées par les astronomes allemands sont dix fois plus grandes que celles trouvées par Herschel. Les satellites les moins éloignés de leur planète ont l'hémisphère antérieur beaucoup plus élevé que les satellites du même système les plus éloignés ; ainsi l'angle Γ du sommet croît avec les distances qui séparent les satellites de leur planète, et chez ces satellites la pente qui unit la base au sommet diminue. Lors donc que deux satellites sont en quadrature, il y a différentes quantités de lumière réfléchies vers la Terre, d'où résulte pour les uns un éclat supérieur et pour les autres une disparition totale ; ce dernier cas a lieu pour la lune de Vénus, qui devient invisible à cause de sa position en même temps qu'à cause de l'angle Γ de son sommet.

§ 114. ILLUSIONS PRODUITES PAR LA FORME OVALAIRE AVEC LE MOUVEMENT ROTATOIRE. Lorsque l'axe de la rotation forme un angle presque égal à 90 degrés avec le grand diamètre, nous trouvons presque la même longueur micrométrique pour l'axe dans chaque observation, tandis que la différence des longueurs micrométriques du diamètre équatorial trouvées dans chaque observation est grande. Contre toute raison, les astronomes attribuaient ces différences aux erreurs micrométriques, et c'est ainsi qu'ils considéraient la moyenne comme la valeur la moins éloignée de la valeur véritable, sans s'apercevoir que de cette manière ils s'éloignaient précisément des longueurs réelles du grand et du petit diamètre du corps ovalaire. L'aplatissement apparent manque à Uranus, dont l'axe de rotation est presque perpendiculaire au grand diamètre de la planète de forme ovalaire ; et c'est ainsi que nous voyons son hémisphère soulevé ; il manque d'aplatissement, précisément comme cela a lieu pour la Lune.

§ 115. **PRODUCTION DES ANNEAUX OPTIQUES DE SATURNE.** Cette planète ne diffère des autres que par son âge qui est plus avancé que celui des deux planètes Uranus et Neptune et moins avancé que celui de cinq autres planètes ; chacune de celles-ci, à des époques différentes, se trouva à l'âge actuel de Saturne, et par suite chacune de ces planètes produisait alors l'apparence illusoire des anneaux. Cette apparence résulte d'un sillon creusé obliquement dans une masse de glace de forme ovalaire, et dont le fond se trouve dans l'équateur et l'extrémité supérieure de chacun des deux versants jusqu'à la latitude de 40 degrés. Herschel trouva, à l'aide des mesures micrométriques, le diamètre du fond du sillon plus grand que l'axe de la planète et plus petit que ses diamètres qui passent par les tropiques ; les astronomes actuels n'ont pas voulu se ranger à l'opinion d'Herschel, à cause du sillon.

La Terre se trouve pendant quatorze ans au nord du plan équatorial de Saturne ; pendant cet espace de temps elle reçoit les rayons réfléchis du versant austral *eie* (*fig.* 18), sur lequel se projette la calotte boréale *eic'* de la planète, de façon à rester éloignée en perspective de la partie visible $b' ib''$ de la calotte australe. Si la Terre est au sud du plan équatorial de Saturne, c'est la calotte australe

Fig. 18.

qui se projette sur une petite partie du versant boréal dont la lumière est réfléchie vers la Terre. Cette réflexion s'évanouit dans la position de la Terre et du Soleil sur le plan équatorial de Saturne. Tous les phénomènes, sans aucune exception, observés dans les anneaux de Saturne, ainsi que leurs dimensions apparentes, se sont trouvés arrangés de manière à être liés entre eux par la loi de la perspective comme causes et effets, comme cela sera exposé dans la description particulière de cette planète extraordinaire. Enfin, pour éloigner toute objection, j'ai fait construire un modèle de Saturne qui, étant mis en rotation, présentait un anneau optique du côté opposé, lorsque le corps était éclairé suivant le plan équatorial, de quelque côté que fussent les spectateurs.

Saturne, par ses anneaux illusoires, servait de base à mille hypothèses sur l'état précédent des autres planètes. Ici ce ne sont pas les anneaux mais le sillon dont ils résultent qui sert de monument archéologique de l'âge auquel se trouvèrent à des époques différentes la Terre et les quatre autres planètes. Les archéologues qui s'occupent des monuments du genre humain cherchent par leur arrangement chronologique à déterminer les époques historiques qui correspondent à ces monuments. L'astronome n'est qu'un archéologue qui recueille les monuments de la vie des corps célestes, qu'il arrange en ordre chronologique, et c'est ainsi qu'il devient en état de composer la biographie de chacun de ces corps et ensuite l'histoire du monde. Les historiens du genre humain n'expliquent pas tous de la même manière les monuments à demi détruits, ou les inscriptions souvent mal conservées ou mal écrites, à l'aide de symboles inconnus; de telles divergences n'existent pas chez les historiens du monde, parce que leurs monuments historiques se trouvent tous bien conservés, et que chacun d'eux n'est susceptible que d'une seule explication.

C'est l'attribut de l'astronome d'exposer dans une série comme sur un tableau tous les états par lesquels a passé la Terre pendant chacune de ses quarante périodes cométogéniques, depuis qu'elle se trouve dans sa vie géologique. Ensuite il faut remonter à l'époque correspondante à celle de Saturne qui est entouré d'un sillon, comme l'était autrefois la Terre. Les états successifs de la vie astronomique des planètes et de la Terre sont indiqués dans cet ouvrage, qui contient l'histoire du monde.

XII. SUBDIVISION DES MATIÈRES DE LA PREMIÈRE PARTIE.

§ 116. La Terre et les sept autres grosses planètes ont été lumineuses comme le sont actuellement des milliers d'autres. La différence ne provient pas de ce que la masse de certains systèmes a été produite avant celle des autres, mais de ce qu'une grande masse a produit en se subdivisant des portions de grosseur très-différente. Les soleils qui ont été produits par de petites portions de masse brûlante s'éteignirent, car ils avaient perdu depuis longtemps leur chaleur lumineuse, sans pour cela cesser de circuler comme dès le commencement dans l'espace. Il y a des soleils dont les planètes seulement ont consumé leur chaleur lumineuse, et ils brillent comme le nôtre, entourés de planètes éteintes.

D'autres soleils, produits par des portions de masse m plus considérables, sont encore lumineux, et entourés d'amas de vapeur qui les rendent invisibles ; nous ne voyons que leurs planètes qui n'ont pas encore perdu leur chaleur lumineuse. Tous les soleils qui contiennent des portions considérables de masse м sont lumineux et paraissent comme des étoiles tant qu'ils n'ont pas encore expulsé une bande de masse brûlante, car la couche superficielle de celle-ci devient un amas de vapeur opaque qui disperse les filets des atomes de lumière et rend ainsi invisible la masse brûlante м du Soleil, en même temps que la bande de masse brûlante expulsée de son intérieur, pour circuler autour de lui.

Les masses M brûlantes des plus grosses portions se trouvent entourées de gros amas de vapeurs dont les superficies étant gelées font se croiser dans leur milieu les rayons de la masse centrale, lesquels se propagent dans des directions rectilignes centrifuges et rendent visible séparément chacun des ballons de glace comme un point lumineux. Parmi ces amas de vapeurs nous citerons les *nébuleuses globulaires* : elles sont toutes amorphes ; ainsi elles apparaissent, comme les nuages, sous toute espèce de forme.

Suivant la chaleur lumineuse contenue actuellement dans la masse de chacun des corps du système solaire, ou suivant celle qui en a été consumée par le refroidissement, ces corps se distinguent : 1° en corps dont la masse M est brûlante et brillante à cause de la quantité $\Theta\Phi$ de chaleur lumineuse qui y est entrée pour opérer un mélange $M\Theta\Phi$, et 2° en corps dont la masse μ n'est plus ni brûlante ni brillante, et cela à cause de la consommation de chaleur lumineuse. Plusieurs soleils composés des portions μ des masses inférieures arrivèrent à cet état en un espace de temps plus court que celui qui est nécessaire pour les plus grosses portions m, м, M.

§ 117. **VIE ASTRONOMIQUE DES CORPS CÉLESTES.** Tous les changements de la masse brûlante qui s'opèrent autour d'elle par l'éloignement de sa chaleur lumineuse constituent leur *vie astronomique*.

§ 118. **VIE GÉOLOGIQUE DES CORPS CÉLESTES.** Tous les changements de la masse refroidie qui s'opèrent autour d'elle à cause des mélanges de ses deux éléments, l'hydrogène et l'oxygène, avec les deux espèces d'équivalents électriques $\overset{-}{E}$ et $\overset{-}{E}$ émanés du Soleil par les rayons de sa chaleur lumineuse, constituent la *vie géologique* de la Terre et des planètes; c'est pendant cette longue vie que chaque planète produit des quarantaines de couples de *comètes*.

§ 119. **AGE DES CORPS CÉLESTES.** Les séries de faits dont se compose la vie astronomique des soleils, des planètes et des satellites diffèrent entre elles; mais les faits de chacune de ces séries se succèdent suivant un ordre invariable, de même que cela a lieu pour les corps organisés; comme dans ceux-ci on nomme *vie* chez les corps célestes la production successive et inaltérable des séries de faits. Le mot *âge* sert à indiquer certains états ou époques de la vie qui se succèdent dans le même ordre chronologique, sans être séparés les uns des autres par d'égales durées de temps; mais ces intervalles d'un âge à l'autre sont toujours en rapport direct avec la durée de la vie totale.

Les faits des séries biologiques des corps organisés, comme ceux des corps célestes, se produisent en une succession invariable parce qu'ils suivent la loi physique, de sorte que par la connaissance de la série des faits l'âge de chaque corps céleste est facilement déterminé, comme cela se fait pour les corps organisés de chaque genre.

Les astronomes disaient qu'en composant la biographie des corps célestes ils font comme les naturalistes :

ceux-ci parcourent une forêt où se trouvent des milliers d'arbres de tout âge, et en un court espace de temps ils composent la biographie des arbres séculaires. Toutefois les résultats des astronomes ne sont pas concordants comme le sont ceux des naturalistes; ceux-ci sont bien certains que les arbres ont été d'abord petits, et que ce n'est que dans leur vieillesse qu'ils acquièrent leur plus gros volume. Les astronomes suivaient une voie diamétralement opposée; ils croyaient que des corps primitifs de gros volume s'étaient formés les corps célestes d'un volume inférieur; ils aboutissaient donc à des résultats analogues à ceux auxquels arriverait un naturaliste qui admettrait que la masse des gros arbres se condense pendant leur vie de façon qu'ils deviennent petits dans leur vieillesse.

De même que les physiciens, les astronomes, qui voyaient une tendance de rapprochement entre les molécules matérielles, n'ont pas cherché à s'assurer si elle est le résultat d'une rupture d'équilibre produite par la résistance qu'exerce le barogène β contenu dans les corps contre le barogène B affluant, de sorte que les deux corps se faisant écran mutuellement, font de ce côté diminuer la poussée qui, étant P de tous les autres côtés, est devenue P — p du côté de l'autre corps C, lequel éprouve de tous les côtés la poussée P, excepté du côté où est le corps C', d'où arrive la poussée P — p' (§ 45).

§ 120. BIOGRAPHIE DES SOLEILS. Les âges de la vie astronomique des soleils ne correspondent pas, comme celui des corps organisés, à l'espace de temps écoulé depuis leur naissance, mais aux quantités de masses μ, m, $\textsc{m}$, M dont chaque soleil se compose; parce que l'avancement vers la fin de la vie s'opère par le refroidissement qui est proportionnel aux surfaces et aux carrés des rayons, tandis que les masses sont proportionnelles aux volumes et aux cubes de ces rayons des globes.

L'absence de chaleur lumineuse dans les planètes fait reconnaître que le Soleil est déjà très-avancé dans sa vie, et de là il résulte que la portion μ de sa masse est petite par rapport aux portions m et м des soleils qui ont des planètes lumineuses, ou de ceux qui n'ont pas encore expulsé une bande de masse brûlante, et que la portion μ de la masse du Soleil est encore plus petite par rapport aux masses M très-grosses qui se trouvent entourées d'amas de vapeur et apparaissent comme des nébuleuses globulaires à qui il faut des millions de siècles pour devenir des soleils sans rotation et un aussi long temps pour devenir des soleils entourés de planètes obscures.

§ 121. **BIOGRAPHIE ASTRONOMIQUE DES SYSTÈMES PLANÉTAIRES.** I. *Étoiles nouvelles.* Une bande de masse dense brûlante expulsée d'un soleil donne naissance à un système planétaire. Chaque siècle à peu près voit une naissance pareille. La bande de masse brûlante expulsée par le Soleil avait une longueur égale à la distance qui le sépare de Neptune; les longueurs des bandes expulsées par les soleils actuels sont des dizaines de fois plus grandes, parce que leur masse m l'est aussi par rapport à celle μ de notre Soleil. Ce sont ces bandes brûlantes qui se présentent dans l'espace subitement avec un maximum d'éclat. Au moyen, 1° de sa grandeur apparente, comparable quelquefois à celle de Vénus, et 2° de sa longueur réelle, cinq à dix fois celle qui existe entre le Soleil et Neptune, parcourue par la lumière en vingt heures environ, on obtient approximativement la distance de la nouvelle étoile; la distance entre Neptune et le Soleil est parcourue en quatre heures par la lumière.

II. *Nébuleuses planétaires.* La couche superficielle de la bande brûlante produit une couche de vapeur opaque qui disperse les rayons et fait que la masse brûlante devient invisible. La bande se divise en neuf portions de telles longueurs qui forment une progression géométrique $\div 2\Delta : 2^2\Delta, 2^3\Delta, ..., 2^9\Delta$. Les carrés des vitesses orbiculaires de chacune de ces portions sont entre eux en raison inverse des cubes des distances. Le seul télescope gigantesque de lord Rosse nous permet de voir ces détails des portions produites par la subdivision de la bande totale, tandis que telles nébuleuses planétaires paraissent comme des anneaux de vapeur avec les autres télescopes.

III. *Étoiles périodiques planétaires.* A cause de la vitesse orbiculaire de la portion m', la couche superficielle se congèle pour devenir une enveloppe de glace transparente de forme ovalaire. Si donc le plan orbiculaire de cette planète passe par la Terre, elle a un grand éclat, étant en conjonction supérieure, car nous recevons la lumière de son hémisphère soulevé; dans sa conjonction inférieure la lumière vient de son hémisphère déprimé, c'est pourquoi l'éclat est alors inférieur. C'est par la durée des périodes de l'éclat que nous savons qu'une planète est peu éloignée de son soleil invisible étant enveloppé dans un amas de vapeur.

IV. *Étoiles périodiques satellites.* Les courtes durées des périodes de l'éclat nous font connaître que l'étoile est un satellite qui circule autour d'une planète invisible, tandis que celle-ci circule également autour d'un soleil invisible; telle est la cause qui fait varier les périodes des étoiles à courte durée.

V. *Étoiles de clartés variables.* Lorsque la portion m' de masse brûlante est devenue une planète d'éclat périodique sans satellite et sans mouvement rotatoire, et la masse m'' aussi, il n'apparaît pas séparément une autre planète, mais les rayons de ces deux planètes arrivent ensemble à nos yeux et produisent un éclat composé des deux périodes que nous pouvons même quelquefois distinguer. Au lieu de deux planètes, s'il y en a plusieurs, les unes sont en conjonction supérieure, et les autres en conjonction inférieure; il leur arrive rarement d'être toutes en conjonction supérieure ou inférieure, d'où résultent les maxima des amplitudes de l'éclat et l'apparence de grandes variations de clarté.

VI. *Grandeur des étoiles.* Les étoiles multiples sont des systèmes planétaires dont les cinq intérieurs ne peuvent, au moyen des télescopes actuels, jamais être distingués; pour cette raison elles sont considérées, ainsi que leur soleil invisible, comme étoiles centrales; quant aux autres planètes extérieures, il est possible de les séparer toutes ou quelques-unes d'elles, et cela seulement dans les cas où leur distance de leur soleil est très-grande, comme cela résulte des longues durées de révolution de ces étoiles. De même que la bande de la masse brûlante apparaît comme une étoile de première grandeur, de même, des millions de siècles après, les huit grosses planètes, quoique très-éloignées l'une de l'autre, apparaissent comme une seule étoile. Herschel trouva pour le diamètre angulaire de Véga de la Lyre 0″,36, et pour celui d'Arcturus 0″,2; Goldschmidt a vu Sirius composé de sept étoiles.

En admettant que la lumière arrive de ces étoiles à la Terre en trente ans, les valeurs trouvées par Herschel font voir que leur grandeur apparente ne correspond pas à un éclat exceptionnel d'une grande masse brûlante, mais plutôt à l'angle formé par des rayons qui arrivent des planètes extérieures, mêlés : 1° avec ceux des planètes du milieu; et 2° avec ceux du Soleil enveloppés dans un amas de vapeur. Les astronomes modernes, conduits par l'hypothèse que les étoiles résultent de l'accumulation des molécules matérielles dispersées dans l'espace, ont contesté les résultats d'Herschel, surtout Arago, qui chercha des arguments logiques pour réfuter des faits obtenus par des observations directes; c'est à l'avenir

qu'il est réservé de s'occuper plus sérieusement des longueurs des diamètres des étoiles.

§ 122. **DISTRIBUTION DES CORPS CÉLESTES.** Le système
planétaire est un modèle du système solaire; les mouvements des étoiles sont tous dans le même sens que
celui du Soleil, comme les mouvements des planètes sont
dans le même sens que celui de la Terre. L'espace dans
lequel circulent les étoiles est de la forme d'une meule,
comme l'espace dans lequel circulent les planètes. Les
deux bases de la meule forment comme deux grandes
fenêtres dans l'espace où Herschel croyait voir circuler
les astres avec leur Galaxie, comme des nébuleuses arrondies irrésolubles.

Dans les directions des deux prolongements de l'axe
de la meule, il ne se trouve qu'un petit nombre d'étoiles
qui occupent sa largeur. En s'éloignant de cet axe ou
des pôles de la Galaxie, les quantités d'étoiles se mul-
tiplient inégalement, et cela parce que le Soleil se
trouve plus près de la fenêtre de l'hémisphère de l'équinoxe d'automne que de celle qui donne dans l'autre hémisphère de l'espace. Excepté le petit nombre des étoiles
ε', ε'', ε''' des espaces annulaires A', A'', A''', toutes les
autres ε^{IV} et E^{IV} sont dans l'espace A^{IV} où elles circulent
avec le Soleil. Dans l'espace A^V circulent des millions
d'hélioïdes qui sont des pagosphères ou ballons de glace
vides au centre, produits par la congélation des amas de
vapeur séparés de leur masse brûlantes; ces hélioïdes
correspondent aux planétoïdes.

Des millions de pagosphères ou de ballons comme ceux
dont nous venons de parler se séparent également des
masses brûlantes qui produisent les soleils, les planètes
et les satellites; ces pagosphères vides circulent : 1° avec
les soleils autour de l'Hélioagète; 2° avec les planètes
autour du Soleil et avec la Lune autour de la Terre.
1° Celles qui circulent avec le Soleil apparaissent comme

des *étoiles filantes*; 2° celles qui circulent autour du Soleil avec la Terre apparaissent comme des points noirs sur le Soleil; 3° celles qui circulent avec la Lune autour de la Terre sont les *bolides*; et 4° celles qui circulent avec Vénus produisent la lumière zodiacale.

§ 123. SCINTILLATION DES ÉTOILES. Elle consiste en une diminution de l'éclat normal et en production instantanée de toutes les couleurs; ces faits sont produits par des myriades de ballons de glace qui interceptent ou réfléchissent la lumière des étoiles. Ces ballons deviennent visibles de la manière suivante : on dirige deux lunettes d'égale force vers une même étoile pour en obtenir l'image dans le nerf optique; en laissant une lunette dans sa position, on raccourcit la distance de l'oculaire de l'autre, de façon que l'étoile ne soit plus visible. Les masses globulaires ou les ballons qui passent à une distance inférieure à celle dans laquelle se trouve l'étoile réfléchissent la lumière, et deviennent instantanément visibles dans la lunette montée pour des corps qui se trouvent beaucoup moins éloignés que l'étoile scintillante.

DE LA VIE ASTRONOMIQUE DES PLANÈTES
LUMINEUSES.

§ 124. DIFFÉRENCES ENTRE NOTRE SYSTÈME PLANÉTAIRE ET CEUX DES PLANÈTES LUMINEUSES. 1° La Terre et les sept autres planètes sont obscures, et le Soleil seul est lumineux; dans les étoiles doubles, tous les corps du système sont lumineux. 2° Les révolutions des sept planètes ont des durées qui varient entre 88 et 60000 jours, tandis que dans les planètes lumineuses la révolution la plus courte se termine en 36 ans, et que les plus longues durent quatre ou six siècles. 3° Au lieu de huit grosses planètes, on n'en trouve plus que trois lumineuses. 4° Au lieu d'une grande différence de clarté entre l'étoile centrale et l'étoile périphérique, on ne rencontre que des différences médiocres; parfois les deux étoiles sont de même grandeur. 5° L'éclat du couple est supérieur à celui de la somme de ses deux éléments. 6° Le plus souvent l'étoile centrale est colorée, tandis que dans le Soleil la lumière est incolore.

§ 125. IDENTITÉ DES DURÉES DES PÉRIODES D'ÉCLAT ET DE CELLES DES RÉVOLUTIONS. De chaque point de la surface des corps lumineux émerge une égale quantité de filets d'atomes de lumière; si la forme est ovalaire, il y a émission des rayons Φ de l'hémisphère soulevé H et des rayons φ de l'hémisphère déprimé h. Dans les cas où le plan orbiculaire du corps ovalaire passe par la Terre ou dans son voisinage, ce corps se trouvera, dans chaque demi-durée $\frac{1}{2}T$ de sa révolution, alternativement en conjonction supérieure et en conjonction inférieure. Les rayons Φ de l'hémisphère soulevé arrivent à la Terre lorsque le corps ovalaire est en conjonction supérieure, et, après la demi-période écoulée, c'est de la conjonction inférieure qu'arrivera la lumière φ émergeant de l'hémisphère déprimé h, parce que le corps reste avec le grand diamètre dirigé continuellement vers son corps central. Aucune des étoiles périodiques et des étoiles colorées ne tourne autour de son axe, elles n'ont que le mouvement orbiculaire.

La durée des périodes d'éclat détermine celle de la révolution d'un corps périphérique visible autour de son corps central invisible, car de tels mouvements des corps lumineux autour des corps invisibles, précédemment douteux, ont été constatés par des observations directes ; la cause qui rend invisible le corps central est néanmoins restée inconnue.

Dans les cas où la distance entre la Terre et le plan orbiculaire du corps ovalaire est de 90 degrés, nous recevons continuellement la quantité constante $\frac{1}{2}(\Phi + \varphi)$ de lumière de la moitié $\frac{1}{2}(\mathrm{H} + h)$ de chacun de ses deux hémisphères. A de telles distances des plans des orbites des corps ovalaires, il n'est pas possible de déterminer la durée de la révolution au moyen de l'éclat, car l'amplitude est nulle. Avec la diminution de la distance 90 degrés, les amplitudes des éclats croissent et les durées des périodes deviennent plus faciles à déterminer.

§ 126. **DISPARITION DES PÉRIODES D'ÉCLAT ET APPARITION DES VARIATIONS DE CLARTÉ.** Autour d'une planète peuvent circuler : 1° le premier satellite s seul ; 2° le premier satellite avec le second s ; 3° le premier avec le second et le troisième S, et ainsi de suite. De même, autour d'un soleil peuvent circuler : 1° la planète p correspondant à

Mercure seule; 2° cette planète avec celle p correspondant à Vénus; 3° ces deux planètes avec celle P correspondant à la Terre, et ainsi de suite.

Les périodes des éclats qui résultent des deux satellites ou des deux planètes ne sont pas en apparence
aussi régulières que celles qui résultent d'un seul corps;
les périodes apparaissent moins régulières lorsqu'elles
résultent des trois corps. Dans les cas pareils, il est possible encore de les distinguer si les amplitudes des éclats
sont considérables, et il faut pour cela que la distance
entre la Terre et les plans de leurs orbites soit peu considérable; si les corps périphériques sont au nombre de
quatre, les périodes d'éclat sont en même nombre, leurs
durées correspondent à celles de leurs révolutions;
ainsi, au lieu de quatre périodes distinctes, nous n'apercevons que des accroissements et des décroissements
d'éclat; il n'est cependant pas impossible de les arranger
de façon à faire apparaître la durée de chacune des
quatre périodes qui se succèdent dans une seule et
même étoile composée de quatre autres, mais pour cela
il faut que le plan orbiculaire passe par la Terre et que
l'observateur sache qu'il y a quatre planètes.

§ 127. NOMS DES PLANÈTES LUMINEUSES DES SYSTÈMES
CÉLESTES. Chacun de ces systèmes, après avoir éprouvé
une série de changements, deviendra comme le nôtre,
qui, à des époques différentes, passa successivement par
tous les états dans lesquels se trouvent actuellement les
planètes lumineuses. Dans le principe, chaque système
planétaire parut dans l'espace sous la forme d'une bande
de masse brûlante contenant dans ses molécules matérielles les deux éléments du mouvement orbiculaire à
des intensités croissant de l'extrémité supérieure vers
l'extrémité inférieure.

Cette cause physique fait avancer l'extrémité inférieure
et produit une spirale qui se divise en neuf autres spi-

rales inférieures, dont la cinquième se précipite sur la surface de l'enveloppe solide de son soleil; les huit autres, souvent perceptibles avec le grand télescope de lord Rosse, s'arrondissent l'une après l'autre et prennent la forme ovalaire. La première planète qui devient visible dans chaque système est la moins éloignée de son soleil.

Pour distinguer nos planètes les plus vieilles et celles qui sont éteintes des planètes jeunes et lumineuses, j'ai donné à celles-ci les noms que portaient autrefois nos planètes; je les nomme *Hermès*, *Aphrodite*, *Gée*, *Arès*, *Zeus*, *Chronos*, *Ouranos*, *Poseidon*.

Quoique les huit planètes soient produites dans chaque système par la bande de masse brûlante expulsée de l'intérieur du Soleil, sa subdivision dépend de l'intensité croissante du mouvement orbiculaire. La portion inférieure m' de la bande reste entourée d'amas de vapeur pendant le long intervalle de temps qu'exige la transformation de la bande en corps arrondi de forme ovalaire, changement qui résulte des faits suivants.

§ 128. **ORIGINE DE LA FORME OVALAIRE DES CORPS CÉLESTES.** Dans chaque système, le corps central intercepte, au moyen du barogène в de chacun de ses diamètres, une égale quantité du barogène B affluant de l'espace, et c'est en cela que consiste le fait qu'on indique par ces mots : *Le corps central fait écran à ses corps périphériques.* Chacune des portions m', m'', m''', ..., m^{ix} de masse brûlante pâteuse éprouve du côté de l'espace une poussée P exercée par le barogène affluant B; mais, du côté du corps central qui intercepte la quantité в de barogène, il existe une poussée inférieure : 1° elle est P — в, pour la masse m' la moins éloignée; et 2° elle est P — в + p, pour les masses les plus éloignées (§ 45).

L'hémisphère H se soulève du côté du corps central qui en éprouve une poussée P — в, et l'hémisphère h

devient déprimé du côté de l'espace qui éprouve la poussée P. De la bande de masse expulsée possédant un mouvement orbiculaire à vitesse croissante proviennent neuf autres bandes dont l'une s'éloigne; chacune des huit autres, devenues arrondies, produit une planète. La couche superficielle doit geler et devenir un corps solide de glace transparente, pour livrer un passage rectiligne aux filets des atomes de lumière; car c'est ainsi que le corps devient visible, de même que dans l'atmosphère la nuée doit disparaître pour que le Soleil apparaisse.

I. NAISSANCE DES CORPS PÉRIPHÉRIQUES DE LEUR CORPS CENTRAL.

§ 129. Après la découverte de la loi de la gravitation, Newton fut conduit à étudier cette question; de même que la chute d'une pomme donna naissance à l'idée de la gravitation, c'est l'explosion d'une chaudière qui a dû donner naissance à l'idée de l'expulsion d'une bande de masse brûlante, idée à laquelle se lia immédiatement le récit fait par Tycho-Brahé de l'apparition subite d'une étoile de première grandeur, et celui de Wollaston, qui vit sur le Soleil des plaques rejetées dans des directions divergentes et glissant comme le feraient des plaques de glace sur la surface d'un étang. Au point du Soleil d'où les plaques ont été rejetées, Wollaston vit peu après apparaître une tache.

Ces faits, coordonnés pour être liés entre eux par la loi physique comme cause et effets, s'arrangèrent de manière à produire la rotation du corps central et le mouvement orbiculaire des corps périphériques. Une fois convaincus de la réalité de cette série de faits, il ne resta plus à l'auteur qu'à chercher à y rattacher d'autres faits qui paraissaient isolés.

§ 130. **MODE DE PRODUCTION DE LA VAPEUR ET DES PA-**

GOSPHÈRES. Après avoir brillé comme Jupiter et même comme Vénus, trois semaines, l'étoile nouvelle commença à s'affaiblir, et sa clarté diminua jusqu'à devenir parfaitement invisible en un espace de temps de 17 mois. L'espace clair dans lequel s'opérèrent les glissements de plaques en des directions divergentes s'obscurcit et Wollaston y vit une tache.

C'est ainsi que se présentèrent les idées des deux séries de faits physiques correspondantes et en proportions propres à faire servir l'une de modèle à l'autre. Dans les deux cas il y a eu expulsion des bandes de masse brûlante de l'intérieur d'un soleil; cette masse est renfermée dans une enveloppe solide transparente. Cette enveloppe a sa surface extérieure en contact avec l'espace où le froid est de — 160 degrés, et sa surface intérieure en contact avec la couche superficielle A de la masse pâteuse brûlante; cette couche A de masse subit un abaissement de température par suite de la consommation rapide de sa chaleur.

Si la couche superficielle A de la masse brûlante perd en chaque moment à travers l'enveloppe solide une quantité Θ de chaleur, et si en même temps elle en reçoit des couches inférieures une quantité supérieure $\Theta + \theta$, il y aura élévation de température dans la couche A de la masse, et par suite augmentation de répulsion expansive contre l'enveloppe solide, précisément comme dans une chaudière ayant sa soupape fermée et fortement chauffée.

Dans les deux cas, l'explosion devient inévitable, le cratère s'ouvre au point le plus faible de l'enveloppe, la longueur de la bande de masse expulsée correspond à l'épaisseur et à la solidité de l'enveloppe, parce qu'elle a dû être vaincue par une répulsion expansive d'un degré supérieur.

La bande B expulsée dans l'espace et observée par

Tycho-Brahé avait une longueur comparable à la distance qui sépare Neptune du Soleil, et la bande b que Wollaston a vue est comparable à celles qui résultent des éruptions volcaniques.

Dans tous les cas pareils, où la masse brûlante se trouve dans un espace froid, les molécules de la couche superficielle produisent une couche de vapeur qui, étant très-chaude, est transparente, et ensuite, grâce au froid, la vapeur devient opaque. Les rayons, qui avant se propageaient dans des directions centrifuges rectilignes, commencent à être dispersés par la couche de vapeur qu'ils doivent traverser. Au lieu de la quantité Φ de ces rayons, qui arrivait précédemment à la Terre, il n'en arrive plus, après la dispersion de la partie Φ', que la quantité $\Phi - \Phi' = \varphi$, qui diminue en raison de l'augmentation d'épaisseur de la couche de vapeur opaque.

Le fait observé par Wollaston ne diffère pas de ceux qui sont produits par les nuages s'interposant entre le Soleil et l'observateur. Tant que leur vapeur est transparente, le Soleil est visible et l'espace que la vapeur occupe reste invisible. Dès que celle-ci devient opaque, l'espace qu'elle occupe apparaît et le Soleil disparaît.

La vapeur, au lieu d'être transparente dans l'atmosphère, l'était autour de la masse brûlante expulsée par le Soleil. C'est ainsi que l'on peut voir les plaques rejetées du point où le cratère s'ouvre, tant que la vapeur est brûlante et transparente ; dès qu'elle se refroidit pour devenir opaque, l'espace que la vapeur occupe devient visible et le cratère disparaît. Autour de l'espace occupé par la vapeur opaque, la clarté du Soleil reste telle qu'elle était auparavant, tandis qu'il y a dans la tache une production de chaleur $\Theta + 2\theta$ supérieure à la précédente Θ ; il résulte de là, dans le voisinage des taches, un décroissement de température comparativement à celle des taches, comme le P. Secchi l'a prouvé (*Phys.*, t. III, p. 736).

1° Par l'observation directe, on connaît la chaleur supérieure des taches solaires, et 2° grâce à la transformation de la vapeur et de la couche superficielle de la masse en couche de glace, on sait qu'il y a un refroidissement. Dès que la couche de glace transparente ainsi produite renferme le cratère, la dispersion des rayons cesse dans le point où était le cratère; celui-ci devient visible, précisément comme le Soleil apparaît après la condensation de la vapeur des nuages qui se précipite sur la Terre sous forme de grêle ou de neige.

Dans la bande de masse brûlante expulsée de son soleil se répète toute la série des faits physiques qui se produisent autour des petites bandes expulsées du Soleil; il n'existe de différence qu'entre les effets mécaniques communiqués aux molécules matérielles d'intensités croissantes par le bord postérieur du cratère.

La vapeur brûlante resta transparente trois semaines; ensuite, à cause du froid, elle commença à devenir opaque : alors elle dispersait les rayons Φ' et laissait se propager dans des directions rectilignes centrifuges le reste $\Phi - \Phi' = \varphi$. Ce reste de la clarté de l'étoile diminua graduellement, indiquant que l'épaisseur de la couche de vapeur opaque augmentait. Tycho-Brahé, Képler et les observateurs chinois cessaient de voir les étoiles nouvelles lorsque la quantité φ des rayons n'était plus suffisante pour produire une sensation optique.

II. NÉBULEUSES PLANÉTAIRES.

§ 131. Les astronomes savaient bien que les étoiles temporaires ne viennent pas du néant et qu'elles ne vont pas non plus au néant; ils savaient également qu'il y a des nébuleuses arrondies à un et à plusieurs anneaux; il leur était cependant impossible de trouver une liaison physique entre ces corps, qui leur paraissaient d'autant plus hétérogènes qu'ils se trouvaient plus fortement imbus du préjugé de l'existence, au sein des molécules matérielles, de la propriété de s'attirer mutuellement l'une l'autre. L'hypothèse d'une force attractive leur a tellement obscurci l'intelligence, grâce à l'étude des ouvrages de leurs prédécesseurs, que pour les délivrer de cette erreur il est nécessaire de leur montrer comment s'opère, suivant la loi physique, la production de tous les détails de chaque phénomène qu'ils connaissent déjà par l'observation.

Les séries des changements qui se succèdent dans un ordre invariable pendant la durée de la vie de chaque corps se trouve préétablie dans la rupture d'équilibre qui maintient dans des changements continuels les molécules matérielles. Chez les plantes et les animaux, l'équilibre rompu ne se rétablit pas pendant la réception des nouvelles molécules et l'éloignement d'une partie de celles qui ont été neutralisées. Dans les corps organisés, la rupture d'équilibre entraîne les molécules ambiantes qui sont en contact; ce fait se produit aussi chez les corps célestes, dans lesquels les molécules matérielles se maintiennent en équilibre rompu, quoique ayant deux origines très-différentes : $1°$ l'écoulement centrifuge de la chaleur, et $2°$ l'intensité croissante des deux éléments du mouvement orbiculaire des molécules de la bande de masse brûlante.

Grâce aux observations de Wollaston, on reconnut que la masse brûlante expulsée du Soleil produit la vapeur qui fait apparaître la tache, et celle-ci produit la couche de glace transparente qui fait apparaître l'espace du cratère et disparaître la tache. Dans l'avenir, les étoiles temporaires n'échapperont plus au télescope de lord Rosse, elles seront aperçues comme de minces filets à peine perceptibles, sans être comparables à ceux qu'Herschel observa comme des cirres dans $20^h 49^m 20^s$ ascension droite, $31°3'$ déclinaison.

Si les molécules matérielles de la bande de masse brûlante se trouvaient en équilibre entre elles, celles de la couche superficielle seraient gelées et produiraient une couche de glace en forme de prisme, analogue à celle qui renferme les cratères ouverts sur l'enveloppe solide du Soleil. Mais, à cause de la vitesse plus grande du mouvement orbiculaire dans l'extrémité inférieure de la bande, celle-ci avance sans que la distance qui la sépare de son soleil change, car cet avancement s'opère par l'allongement de la bande qui prend la forme d'une spirale.

Ainsi, de nouvelles molécules brûlantes arrivent à la surface qui croît, et en même temps la masse de vapeur s'accroît aussi. Cet état se maintient jusqu'à l'époque de la rupture de la bande B en huit points, d'où résultent neuf bandes spirales plus courtes; de ces bandes, la cinquième s'éloigne, et le vide qu'elle laisse sépare les quatre bandes spirales intérieures des quatre bandes extérieures; cet espace intermédiaire se voit dans les nébuleuses au moyen du télescope de lord Rosse.

§ 132. **ÉPOQUE DE LA SÉPARATION DES PAGOSPHÈRES DE LEUR BANDE SPIRALE.** Les molécules matérielles de chaque bande spirale isolée des autres éprouvent, par l'effet de la pesanteur, une poussée inégale de laquelle résulte une rupture d'équilibre qui sollicite ces molécules à s'arranger de manière à faire disparaître cette rupture d'équilibre. Les molécules doivent s'arranger pour prendre la forme arrondie ovalaire dont la surface s est des milliers de fois inférieure à celle S de la bande spirale.

La couche de vapeur qui couvrait cette surface S s'en sépare lorsque celle-ci diminue pour devenir s, sans pour cela perdre en rien son mouvement orbiculaire.

Ainsi, à l'exception des planètes qui résultent de la masse accumulée en forme ovalaire, c'est dans la même orbite que circulent tous les amas de vapeur gelée, dont le volume est évalué : 1° à l'aide de la longueur l précédente de la bande spirale, longueur qui surpasse l'intervalle existant entre les planètes voisines, et 2° de l'épaisseur e de la couche de vapeur qui entourait la bande de masse brûlante. Cette couche, pour être visible avec le télescope de lord Rosse, doit avoir un diamètre de plus d'un million de lieues.

Cette espèce de corps célestes très-volumineux, mais de poids imperceptible, était inconnue aux astronomes; c'est pour cette raison qu'ils ne pouvaient aucunement se rendre compte de la nature des pluies d'étoiles, des bolides, des étoiles filantes et des planétoïdes. Les bolides éclatent fréquemment à d'assez petites distances de la Terre pour que le bruit de leur fracture soit perçu et que l'on puisse apercevoir la vapeur opaque engendrée par l'enveloppe mince de glace du ballon volumineux d'un diamètre de plus de 1000 mètres.

Les étoiles filantes et les pluies d'étoiles, qui sont des corps obscurs, apparaissent cependant pendant la nuit à des distances dépassant les limites de l'atmosphère; personne ne pouvait comprendre l'origine de cette lumière tellement vive, qu'elle fait apparaître ces corps comme des étoiles de première grandeur. Quoique ce sujet soit traité dans la partie suivante de l'ouvrage, je me hâte d'indiquer aux lecteurs la concentration des rayons des étoiles arrivant aux pagosphères ovalaires volumineuses, qui font que ces rayons se croisent en un point de leur grand diamètre, d'où ils arrivent aux yeux des observateurs, précisément comme cela a lieu pour les rayons arrivant des étoiles au miroir du télescope de lord Rosse, lesquels rayons se dispersent après s'être croisés dans le foyer du miroir.

La bande de masse brûlante, après s'être montrée comme étoile temporaire, se couvre de vapeur qui la rend invisible. Après avoir pris la forme spirale et avoir été subdivisée en neuf bandes, au lieu d'une bande on en voit huit dans le télescope de lord Rosse, les quatre intérieures séparées des quatre extérieures par l'espace qui était resté vide. La forme de ces nébuleuses est celle de meules de rayon égal à la longueur L de la bande de masse brûlante et d'épaisseur égale à celle de la couche de vapeur produite autour de la bande de masse brûlante. Dans les télescopes puissants, le nombre des anneaux ne dépasse jamais cinq : 1° au centre est la vapeur qui entoure le Soleil ; 2° les quatre bandes intérieures en peuvent rarement être séparées et apparaître comme premier anneau ; 3° ensuite les quatre bandes extérieures apparaissent comme quatre anneaux formés chacun d'amas de vapeur.

III. DE L'ÉGALE DURÉE DES PÉRIODES D'ÉCLAT ET DE CELLES DES RÉVOLUTIONS.

§ 133. Pour que les périodes d'éclat d'un corps lumineux se produisent, il faut que sa forme soit ovalaire et que le plan de son orbite passe par la Terre ou dans son voisinage. Un pareil corps, se trouvant en conjonction supérieure et ne tournant pas sur son axe comme les satellites, envoie à la Terre la plus grande quantité de lumière de son hémisphère soulevé H, et cette lumière produit un maximum d'éclat. Après une demi-révolution, le corps se trouve en conjonction inférieure ; il envoie alors à la Terre la petite quantité de lumière de son hémisphère déprimé h, et il en résulte un minimum d'éclat.

Après avoir ainsi établi l'identité des durées des périodes d'éclat et de celles des révolutions, il est facile de se convaincre que les courtes périodes sont produites par les satellites inférieurs, et les moins courtes par les planètes inférieures; mais ce qui rend incontestable l'existence des systèmes de planètes et de satellites lumineux, c'est le cas où deux ou trois de ces corps réunis font apparaître des périodes d'éclat doubles ou triples, car, dans les cas où ces corps sont au nombre de plus de trois, les périodes ne peuvent plus être distinguées, et les étoiles composées d'un si grand nombre de corps ont une clarté variable. En voici quelques exemples.

§ 134. I. **ÉTOILES DE PÉRIODES SIMPLES, SATELLITES OU PLANÈTES.** Pour que l'éclat d'une périodicité simple se produise, il faut qu'il émane d'un seul satellite ou d'une seule planète; mais pour qu'il se produise seul, il faut que le satellite soit le moins éloigné de sa planète ou que la planète soit la moins éloignée de son soleil. Par suite, la durée de la période d'éclat doit correspondre à celle de la révolution du satellite inférieur ou à celle de la révolution de Mercure.

1.° *Un seul satellite β de Persée.* Soit *sn* (*fig.* 19) la

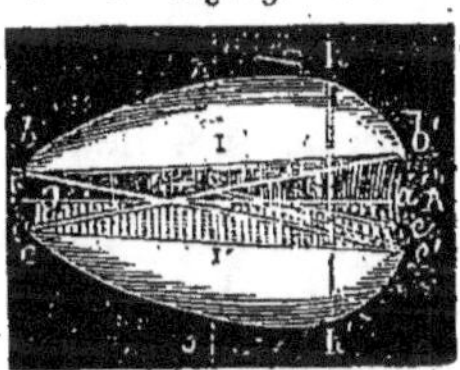

Fig. 19.

forme ovalaire de ce premier satellite, qui circule autour de sa planète ayant son grand diamètre AR toujours dirigé vers le centre de celle-ci et circulant sur une orbite dont le plan prolongé passe par la Terre : 1° quand le satellite est en conjonction supérieure, il renvoie vers la Terre la quantité Φ de lumière provenant de la surface *hbch'*, d'où résulte un éclat qui fait apparaître l'étoile de 2ᵉ grandeur; 2° dans la conjonction inférieure, le même satellite renvoie vers la Terre la lumière φ provenant de la surface $hb'a'e'h'$, d'où résulte l'éclat de 4ᵉ grandeur; 3° la 3ᵉ grandeur résulte de la lumière $\frac{1}{2}(\Phi + \varphi)$.

Pour passer de l'une de ces grandeurs à l'autre, il ne faut que 4 heures : telle est la durée de chacune des deux répétitions de la 3ᵉ grandeur; celle de la 4ᵉ grandeur n'est que de 18 minutes; par suite, en déduisant ces 8 heures 18 minutes de la durée totale (68 heures 49 minutes) de la période, on obtient pour la 2ᵉ grandeur une durée de 60 heures 31 minutes.

A l'aide du rapport $60^h 31^m : 8^h 18^m$ existant entre ces durées, et qui est environ $7 : 1$, on reconnaît que l'*horizon hh'*, qui sépare les deux hémisphères, coupe le grand diamètre A'R en deux parties qui sont entre elles dans le rapport de $7 : 1$.

La distance entre ce satellite et la Terre diminue, car la lumière emploie moins de temps pour arriver à la Terre, et c'est ainsi que les périodes d'éclat vont en diminuant de trois quarts de seconde. Pour cela, il faut qu'il se produise en chaque 68 heures 49 minutes un rapprochement de $77000 \times \frac{3}{4}$ lieues, que parcourt la planète d'Algol en avançant vers la Terre. Lorsqu'on aura déterminé de cette manière la durée de la révolution de cette planète, il sera facile de savoir à laquelle des planètes de notre système elle correspond.

2° *Hermès seul*, R *de la Vierge*. 1° Les périodes simples d'éclat prouvent que l'étoile est simple; 2° la durée de ces périodes, 145 jours 17 heures 23 minutes, égale à celle de la révolution de l'étoile, fait voir que c'est un Hermès seul, et qu'il n'existe entre son soleil et lui aucune autre planète inférieure. Quand cette planète est en conjonction supérieure, elle est de 6ᵉ grandeur, et devient de 11ᵉ grandeur dans sa conjonction inférieure; elle a donc une forme ovalaire très-prolongée.

§ 135. II. **périodes doubles des éclats.** C'est après le corps le moins éloigné du corps central qu'apparaît le deuxième; nous en apporterons ici des preuves mathématiques.

1° *Deux satellites,* 1ᵉʳ *et* 2ᵉ, η *de l'Aigle.* Ici, comme dans le système de Jupiter, le premier satellite s termine deux révolutions presque en même temps que le second s en termine une. La durée de 7 jours 4 heures 13 minutes 42 secondes prouve que l'étoile est un second satellite qui ne peut exister sans le premier; celui-ci se manifeste dans la double période d'éclat, car il y a pendant chaque période deux maxima égaux et deux minima inégaux; l'un de ceux-ci est de 4ᵉ-5ᵉ grandeur, et il se distingue très-facilement, mais l'autre, de 3ᵉ-4ᵉ grandeur, ne diffère pas des deux maxima. Ces éclats sont produits de la manière suivante.

1° Les deux maxima égaux ont lieu lorsque l'un des satellites est dans l'une des quadratures et l'autre dans l'autre; 2° le minimum de 4ᵉ-5ᵉ grandeur est produit par la conjonction inférieure du second satellite s et par la conjonction supérieure du premier s; 3° l'autre minimum est produit par la conjonction supérieure du second satellite s et la conjonction inférieure du premier s.

En divisant la période en quatre parties, il faut compter 80 heures pour l'éclat de 3ᵉ-4ᵉ grandeur et 31 heures pour la durée de 4ᵉ-5ᵉ grandeur et pour chacun des deux passages d'une grandeur à l'autre, comme cela a été expliqué ci-dessus.

2° *Hermès et Aphrodite,* o *de la Baleine.* Au moyen de la loi découverte, il a été reconnu, par la durée de 331ʲ,34 des périodes d'éclat, que l'étoile est une Aphrodite, et que cette étoile ne pouvant exister sans Hermès, les périodes d'éclat doivent avoir une périodicité que j'ai

trouvée dans les rapports égaux entre les durées de révolution de Vénus avec Aphrodite et de Mercure avec
Hermès, $244 : 331,34 = 88 : x = 119,25$, ce qui donna
la durée de la révolution d'Hermès. Il a été reconnu
ainsi qu'il y a une répétition des éclats après l'écoulement de la période de $331^j,34 \times 88$ fois. J'ai été étonné
de voir qu'Argelander, grâce à une persévérance toute
particulière, est parvenu à découvrir cette même périodicité.

Les minima produits par la conjonction inférieure des
deux planètes à la fois vont jusqu'à la 11e grandeur; les
maxima sont produits par plusieurs positions des deux
planètes; ils varient entre la 4e et la 2e grandeur. Les
éclats sont supérieurs lorsque Hermès et Aphrodite se
trouvent entre les deux quadratures et la conjonction
supérieure.

§ 136. III. **PÉRIODES TRIPLES DES ÉCLATS.** Par les plus
longues durées des périodes des éclats, on a reconnu que
les satellites ou les planètes circulent à des distances
supérieures autour de leur corps central; il est donc de
nécessité absolue qu'il existe d'autres corps à des distances inférieures.

1° *Trois satellites de Zeus, β de la Lyre.* De la durée
de $12^j,9064$, il résulte que l'étoile est un troisième satellite de Zeus, qui doit être accompagné par les deux
satellites inférieurs; de là on conclut à une périodicité
double, à cause des durées $T, 2T, 4T$ des périodes d'éclat
et de révolution observées chez les trois satellites de Jupiter. Dans chaque période il y a, comme dans η de
l'Aigle, deux maxima égaux de 3e à 4e grandeur et deux
minima inégaux, l'un, le mieux prononcé, de 4e à
5e grandeur, et l'autre de 4e à 3e grandeur, différant
peu des maxima de 3e à 4e grandeur.

1° Les deux maxima égaux se produisent, comme
dans η de l'Aigle, lorsque le deuxième satellite s est en

conjonction supérieure, et le troisième S en une des deux quadratures; 2° le minimum de 4ᵉ à 5ᵉ grandeur se produit lorsque le troisième satellite S est en conjonction inférieure, le deuxième s en conjonction supérieure et le premier s dans une des deux quadratures; 3° l'autre minimum de 4ᵉ à 3ᵉ grandeur est produit lorsque le troisième satellite est en conjonction supérieure, le deuxième en conjonction inférieure et le premier en l'une des quadratures.

2° *Chronos, Zeus et quatre planètes intérieures, η d'Argo.* C'est la durée (T = 66 ans) des périodes des éclats qui nous a fait reconnaître que l'étoile est un Chronos, ayant avec elle Zeus et les quatre planètes intérieures; Zeus termine sa révolution en 25 ans. Les planètes intérieures Arès, Gée, Aphrodite et Hermès terminent leur révolution dans le même rapport; toutes ont une durée environ deux fois et demie plus longue que celle des planètes Mars, Terre, Vénus, Mercure.

Les éclats varient entre la 4ᵉ grandeur et celle de Canopus; en 1843 l'étoile était comme Sirius; les minima se produisent lorsque quelques planètes sont en conjonction inférieure, et les maxima lorsque Chronos est en conjonction supérieure, Zeus dans une quadrature et un certain nombre de planètes dans l'autre.

IV. CLASSIFICATION DES ÉTOILES SUIVANT LES GRANDEURS, LES NÉBULEUSES ET LES INTERVALLES.

§ 137. Au moyen des étoiles composées d'un certain nombre de satellites ou des planètes de forme ovalaire, on connut la cause physique des changements de leur éclat et de leur grandeur, dont les astronomes savaient déjà l'existence. A l'aide de puissants télescopes, plusieurs étoiles ont été résolues en deux éléments, et même plus, sans qu'on puisse en conclure pour cela que les étoiles dont on ne peut distinguer les éléments avec ces télescopes soient simples. De là résulta, suivant les intervalles, la classification des étoiles : 1° en étoiles isolées, et 2° en étoiles doubles; celles-ci se distinguent en couples solaires invariables dont les éléments ne changent pas de position, et en couples planétaires dont les éléments sont variables, l'une des étoiles circulant autour de l'autre.

COUPLES SOLAIRES ET COUPLES PLANÉTAIRES. Il n'existe pas de limite physique pour l'intervalle qui sépare les éléments immobiles des couples, tandis que cet intervalle ne dépasse jamais 32 secondes dans les éléments mobiles. C'est ainsi que les astronomes ont reconnu l'existence de systèmes planétaires, sans cependant découvrir en quoi consiste leur différence physique sous le rapport de leur état lumineux, de leur nombre et des durées de leurs révolutions. Encore moins connaissaient-ils la cause de l'immobilité des éléments des autres couples, malgré les intervalles souvent très-petits qui les séparent. Et cela vient de ce qu'on ignorait l'arrangement de ces deux classes de couples avec les deux classes de nébuleuses, les nébuleuses planétaires et les nébuleuses solifères.

I. NÉBULEUSES PLANÉTAIRES ET COUPLES D'ÉTOILES MOBILES. Chaque anneau de ces nébuleuses est aperçu avec le télescope de lord Rosse comme une bande en forme de spirale dont la vapeur est éclairée par la masse centrale brûlante qui s'accumule pour acquérir la forme ovalaire et devenir une planète. Il a été prouvé que de telles planètes sont irrésolubles au moyen des télescopes, tandis que leur éclat périodique rendit évident non-seulement le nombre des planètes qui composent une étoile variable, mais aussi le nombre des satellites qui composent des étoiles moins résolubles. La distance Γ entre Poseidon et son soleil ne peut surpasser certaines limites, parce que les masses M des soleils sont également limitées ; pour la limite de cette distance angulaire Γ, Struve trouva 32 secondes.

II. **NÉBULEUSES SOLIFÈRES ET COUPLES D'ÉTOILES IMMO-BILES.** La forme de ces nébuleuses est parfaitement irré-gulière ; elles n'ont pas un seul noyau central comme les nébuleuses planétaires, elles en ont souvent deux et plus ; il y a même des étoiles qui, dans l'avenir, se trouveront à très-petite distance de celles qui naîtront des noyaux visibles. Le passage de ceux-ci à l'état d'étoile dé-barrassée des amas de vapeur ambiante devient évident dans les *nébuleuses cométaires;* les éléments du couple s'unissent souvent pour former, des deux moitiés iné-gales, une ellipse aux sommets de laquelle se voient les étoiles qui deviendront un couple immobile après l'é-loignement de ces amas de vapeur ambiante.

Les portions p, p', p'' de masse brûlante qui appa-raissent comme des noyaux dans les nébuleuses solifères, formaient précédemment une portion supérieure P où leurs molécules se trouvaient en équilibre rompu qui occasionna leur séparation, sans pour cela que leur mouvement orbiculaire autour de l'Hélioagète fût mo-difié : telle est la cause physique de la différence des couples solaires et des couples planétaires.

V. RECTIFICATION DES ERREURS DES ASTRONOMES SUR L'APPLI-CATION DE LA LOI DE KÉPLER.

§ 138. Après avoir établi que dans les couples d'étoiles mobiles, l'une e circule autour de l'autre E centrale à une distance angulaire Γ, et termine sa révolution en une certaine durée T de temps, les astronomes ont re-connu que les mouvements orbiculaires s'opèrent sui-vant la loi newtonienne, et ils ont cru que par le rapport $\gamma^3 : T^2 = m : 1$, il serait possible de connaître la masse m de l'étoile centrale E, au moyen de la proportion

$$\gamma : 1 = \Gamma : D,$$

en indiquant par γ la parallaxe, par $\mathbf{d}$ la distance réelle entre les deux étoiles, et par $\mathbf{1}$ la distance δ entre la Terre et le Soleil :

$$(\alpha) \quad \begin{cases} \mathbf{d}^3 = m\mathbf{t}^2, \quad \mathbf{d} = \Gamma : \gamma, \quad m\mathbf{t}^2 = \Gamma^3 : \gamma^3, \\ \gamma \sqrt[3]{\overline{m}} = \Gamma : \sqrt[3]{\overline{\mathbf{t}^2}}. \end{cases}$$

Dans le rapport $m : \mathbf{1}$, on introduit comme unité la masse solaire, et dans le rapport $\gamma : \mathbf{1}$, c'est la distance δ entre la Terre et le Soleil qu'on prend comme unité. La valeur de $\gamma\sqrt[3]{\overline{m}}$, trouvée par le calcul, ne pouvait pas être contrôlée par des résultats obtenus à l'aide d'observations directes.

APPLICATION DE LA LOI DE KÉPLER DANS LA RÉSOLUTION DU PROBLÈME SUIVANT.

PROBLÈME. Étant données la durée de la révolution $\mathbf{t}$ d'une étoile e, et sa distance angulaire Γ de l'étoile centrale $\mathbf{e}$, trouver sa parallaxe γ.

Tant que les astronomes ignorèrent que l'étoile centrale $\mathbf{e}$ est composée d'un soleil et de toutes les planètes qui la séparent de la planète périphérique, ils ne purent savoir à quelle planète de notre système correspond la planète observée; depuis la découverte de l'existence des planètes Hermès, Aphrodite, Gée, Arès, formant des étoiles de clarté variable et irrésolubles, il devint possible de résoudre ce grand problème et d'en obtenir des résultats conformes à ceux qui ont pu être obtenus par des observations très-pénibles, et par suite peu nombreux et moins exacts.

Le rapport $d^3 : \mathbf{t}^2 = \mathbf{1}$ indique qu'une seule et même quantité q du fluide barogène (§ 44) se trouve dans deux vases dont l'un de forme cubique a pour côté d, et l'autre de forme rectangulaire a l'unité pour hauteur et la base carrée de côté t. Une autre quantité Q du même fluide se trouve également contenue dans deux vases pareils aux précédents, mais ayant l'un et l'autre des dimensions D^3 et T^2 correspondantes au rapport $Q : q$ qui existe entre les quantités du fluide. Connaissant donc dans un système planétaire, au moyen de l'observation : 1° la distance angulaire Γ entre les deux étoiles, nommée ici *antiparallaxe*, et 2° la durée T de la révolution de l'étoile e, on constate qu'il existe un rapport $D^3 : T^2$, et que la distance réelle D est proportionnelle à celle d de la planète correspondante de notre système, car les quantités q, Q du fluide restent dans les deux systèmes en rapport avec les cubes des distances correspondantes D, d existant entre les planètes homonymes et leur soleil.

C'est au moyen des durées de la révolution de Saturne $= 29$ ans 6 mois, de celle d'Uranus $= 84$ ans, de celle de Neptune $= 167$ ans, et de celles des étoiles qui se trouvent entre 36 ans et 6 siècles, que l'on reconnut que parmi les étoiles périphériques e il n'existe qu'un Zeus ; elles ne sont que : 1° Chronos des durées de périodes entre 52 et 105 ans ; 2° Ouranos des durées de révolution entre 133 et 167 ans ; et 3° Poseidon des durées qui ne vont pas jusqu'à 6 siècles et plus.

Au moyen de l'égalité des rapports $t^2 : d^3 = T^2 : D^3$, on trouve la distance réelle D ; et au moyen de l'égalité des rapports $D : 1 = \Gamma : \gamma$, on trouve la parallaxe γ :

$$(\beta) \quad t^2 : d^3 = T^2 : D^3, \quad D : 1 = \Gamma : \gamma, \quad \gamma = \frac{\Gamma}{D} = \frac{\Gamma}{d \sqrt[3]{T^2 : t^2}}.$$

Jusqu'à présent, on connaît la parallaxe d'une dizaine d'étoiles seulement, tandis qu'il y en a déjà des centaines de couples dont la durée de révolution est connue, et c'est ainsi qu'il fut possible d'établir des mesures ouranodésiques pour évaluer les dimensions de l'espace stellaire E dans lequel se trouvent les systèmes solaires, les soleils isolés et les systèmes planétaires qui circulent avec les nébuleuses homonymes autour de l'Hélioagète, allant du côté de Sirius et Procyon vers le Cygne, l'Ophiuchus et le Navire; dans le même sens tourne l'Hélioagète, dont le plan équatorial divise la Galaxie en deux moitiés, la partie gauche du côté de la Vierge où est le Soleil, et la droite du côté des Poissons.

VI. DISTANCES ENTRE LA TERRE ET LES ÉTOILES DANS LES TROIS DIMENSIONS DE L'ESPACE STELLAIRE.

§ 139. Dès qu'il fut possible de connaître à quelle distance de la Terre se trouvent les étoiles des couples planétaires, je voulus savoir quelles sont les distances des étoiles dans chacune des trois dimensions de l'espace stellaire E qui est $\frac{1}{12}$ environ de l'espace annulaire A^{IV}, parce qu'une trentaine seulement de degrés de cet anneau sont visibles; c'est en ce sens que l'on considère la *longueur* de l'espace stellaire comme allant du Cygne vers le Centaure.

C'est dans le rayon vecteur qu'est prise la *profondeur h* qui va du Soleil vers l'Hélioagète, lequel occupe la plus grande partie de la Licorne. Dans la surface elliptique occupée par cet astre il y a une absence totale d'étoiles de 1re, 2e et 3e grandeur. La *hauteur* н de l'espace stellaire est prise dans le prolongement du rayon vecteur vers Ophiuchus, au point qui correspond à la moitié de l'arc α qui se sépare de la Galaxie.

La *largeur l* est vers la Vierge, et la largeur ʟ, la plus grande, est vers le côté opposé, dans les Poissons, attendu que le Soleil n'est pas au milieu de la Galaxie, où passe le prolongement du plan équatorial de l'Hélioagète; celui-ci tourne sur son axe dans le même sens que s'opère la circulation du Soleil autour de lui, lorsqu'il vient du côté de Sirius pour passer par le Cygne, Ophiuchus, et aller vers le Navire. La largeur de l'espace stellaire est divisée par le plan équatorial en deux moitiés, la droite du côté des Poissons et la gauche du côté de la Vierge.

PROFONDEUR ET HAUTEUR DE L'ESPACE STELLAIRE. 1° Du côté de la profondeur h sont les étoiles planétaires, Sirius d'un côté de l'Hélioagète, et Procyon avec Castor de l'autre; la différence des distances de Sirius et de Procyon est petite, car 1° les durées de leur révolution sont de 49,245 et de 50,056 ans, et 2° leurs antiparallaxes sont de 2″,5 et de 2″,6. La parallaxe trouvée par la formule (β) est $\gamma = 0″,187$, laquelle diffère de 0″,043 de celle 0″,230 trouvée par Henderson.

De la durée de la révolution de 50 ans qui donne la parallaxe $\gamma = 0″,187$ en considérant la planète comme un Chronos, il résulte qu'entre celui-ci et son soleil doivent se trouver Zeus, Arès, Gée, Aphrodite et Mercure; je ne trouvais pas d'exemple empirique indiquant l'existence de semblables combinaisons des étoiles planétaires, lorsque Goldschmidt, dans ces dernières années, annonça avoir vu dans Sirius les sept corps, et cela sans rien savoir de ce que j'avais découvert dans les étoiles périodiques; car, en cas pareil, j'aurais cru qu'il avait été guidé par l'idée que j'ai exposée précédemment, quand il croyait avoir distingué les sept corps arrangés sur une ligne, cas extrêmement rare dans les positions des planètes. Il résulte de là que les plans orbiculaires des planètes sont presque perpendiculaires au rayon vecteur, comme l'est l'écliptique, et c'est de cette position rare des orbites des planètes que résulte la grandeur exceptionnelle de cette étoile, malgré son éloignement quatre fois plus grand que celui de α de Centaure.

L'*étoile α de Castor* a une antiparallaxe de 5″,692 et termine sa révolution en 519 ans, d'où résulte la parallaxe $\gamma = 0″,0868$, laquelle donne une distance double de celle de Sirius, dont la parallaxe est 0″,187.

2° Du côté de la hauteur H, dans le prolongement du rayon vecteur, se trouvent les trois étoiles planétaires t, p, λ d'Ophiuchus; leurs durées de révolution, de 87, 92, 96 ans, peu supérieures à celle de 84 ans d'Uranus, prouvent que les trois planètes peuvent être Chronos ou Ouranos. De leur durée de révolution et de leurs antiparallaxes $\Gamma = 0'',818$, $\Gamma' = 4'',5$, $\Gamma'' = 0'',847$, on a déduit : 1° les distances réelles $D = 19,7$, $D' = 20,4$, $D'' = 21$, qui séparent les planètes Chronos de leur soleil, et 2° les parallaxes

$$\gamma = 0'',0416, \quad \gamma' = 0'',2206, \quad \gamma'' = 0'',0434.$$

Sirius est dans la moitié de la distance de α Gémeaux, et l'étoile p d'Ophiuchus est dans une distance qui est le quart de celle des deux autres étoiles t et λ.

II. LARGEUR DE L'ESPACE STELLAIRE. Le Soleil est du côté gauche par rapport au milieu de la Galaxie, où est l'étoile γ de la Vierge dont la durée de révolution est de 169 ans 178 jours, et son antiparallaxe est $\Gamma = 3'',863$. La planète est un Ouranos, parce que la durée de la révolution de Neptune est de 167 ans. La formule (β) donne $D = 31,55$ pour distance entre la planète et son soleil, et pour parallaxe $\gamma = 0'',1261$.

Du côté droit de la Galaxie, dans la largeur de l'espace stellaire, se trouve l'étoile n° 3210 du Catalogue de Bradley, de $359°36'39''$ ascension droite, et de $57°36'$ de déclinaison; sa durée de révolution de 146 ans 303 jours et son antiparallaxe $\Gamma = 0'',998$ prouvent : 1° que la planète Ouranos se trouve à une distance $D = 33,4$ de son soleil, et 2° que sa parallaxe est

$$\gamma = 0'',0258,$$

quatre fois inférieure à celle $0'',1261$ de γ de la Vierge; par suite, elle donne une distance du Soleil quatre fois plus grande que celle de γ de la Vierge.

III. **LONGUEUR DE L'ESPACE STELLAIRE.** Dans son mouvement orbiculaire, le Soleil s'éloigne du Taureau et du Cygne et avance vers le Centaure et le Navire ; ainsi la longueur se divise : 1° en *antérieure* vers le Centaure, et 2° en *postérieure* vers le Cygne. C'est dans la partie antérieure de la longueur que se trouve l'*étoile α du Centaure* qui donne la plus grande parallaxe $\gamma = 0'',855$, et par suite la plus petite distance. Sa durée de révolution de 77 ans et son antiparallaxe $\Gamma = 15'',5$ prouvent que la planète Chronos est dans la distance $D = 18$ de son soleil, et que sa parallaxe $\gamma = 0'',855$ diffère de $0'',0568$ de celle $0'',9128$ qui a été trouvée par les observations directes.

Dans la partie postérieure de la longueur de l'espace stellaire se trouvent les *étoiles* 61 et *δ du Cygne*. L'étoile 61 du Cygne termine sa révolution autour de son soleil en 514 ans ; elle est donc un Poseidon ; son antiparallaxe $\Gamma = 15'',841$ donne : 1° la distance $D = 63,47$ entre cette planète et son soleil, et 2° la parallaxe

$$\gamma = \frac{15'',841}{63,47} = 0'',2496,$$

qui diffère peu de celle $0,24662$ trouvée par les calculs, et beaucoup de celle $0,364$ trouvée par les observations.

De la durée de révolution de 179 ans de l'étoile *δ* du Cygne et de son antiparallaxe $\Gamma = 1'',811$, on déduit la distance réelle $D = 33,12$ entre la planète Ouranos et son soleil, et sa parallaxe $\gamma = 0'',0576$.

DISTANCES DES ÉTOILES DANS LES TROIS DIMENSIONS DE L'ESPACE STELLAIRE. Pour mesurer les distances existant entre les planètes d'un même système, on prend celle *δ* entre la Terre et le Soleil pour unité ; pour mesurer les distances entre les soleils isolés ou entre les systèmes planétaires et le nôtre, on prend pour unité la distance D que parcourt la lumière en un an. Dans les calculs rapportés ici, on ne prend pour unité des distances que la parallaxe γ qui est en raison inverse des distances réelles Δ, et en même temps en rapport direct avec la distance $\delta = 1$; on a $\Delta = \dfrac{206265}{\gamma} \times \delta$; or, comme $\delta = 1$ et $\gamma = \dfrac{1''}{q}$, on a $\Delta = 206265\,q$. En indiquant la distance $206265\,\delta$ par D, les distances stellaires sont $\Delta = q$D. Par exemple, par rapport à l'espace stellaire E, 1° dans sa profondeur h se trouvent Sirius et Procyon, à la distance de $\dfrac{10000}{1870}$ D, et α de Castor à la distance $\dfrac{10000}{868}$ D; et l'étoile p d'Ophiuchus est à la distance $\dfrac{10000}{2206}$ D, et les étoiles t et λ aux distances $\dfrac{10000}{415}$ D et $\dfrac{10000}{518}$ D sont dans la *hauteur* H.

2° La *largeur* l du côté de la Vierge est $\dfrac{10000}{1277}$ D, et de l'autre côté elle est $L = \dfrac{10000}{2258}$ D.

3° La *longueur* du côté du Centaure est $\dfrac{10000}{8550}$ D, et du côté du Cygne $\dfrac{10000}{2496}$ D et $\dfrac{10000}{546}$ D.

VII. DU MODE DE PRODUCTION DE LA LUMIÈRE ZODIACALE, DES BOLIDES ET DES ÉTOILES FILANTES PAR LES ÉLÉMENTS DES NÉBULEUSES.

§ 140. L'existence de la matière dont les nébuleuses sont composées est incontestable; mais on ignorait : 1° l'origine de cette matière; 2° le mode de leur production; 3° les directions de leur mouvement, et 4° les positions des plans de leurs orbites. L'existence des corps qui se manifestent comme bolides, étoiles filantes, pluies d'étoiles, et qui se trouvent parfois interposés entre la Terre et le Soleil, est également incontestable.

A l'exception des aérolithes, qui arrivent à la Terre, les bolides se transforment en nuages à des distances souvent si médiocres qu'on entend le bruit produit par la fracture de leur enveloppe, fracture qui permet à l'air de pénétrer dans l'espace vide. Parmi les étoiles filantes, les unes atteignent l'atmosphère comme les bolides, les autres ne s'en approchent que de quelques centaines de lieues.

Au moyen de la loi physique et des observations qui se trouvent exposées en détail dans cet ouvrage, je démontre que la masse des corps périphériques de chaque système a son origine dans leur corps central, lequel expulsa une bande de masse brûlante dont les molécules se trouvèrent en équilibre rompu : 1° par la répulsion centrifuge R qui est à son maximum au commencement de l'expulsion et à son minimum à la fin de cette expulsion; 2° par la poussée de choc tangentiel qui commence par un minimum et finit par un maximum; 3° par la poussée centripète de la pesanteur, qui est en raison inverse des carrés des distances; 4° par la répulsion de la chaleur qui fait augmenter le volume de la masse expulsée et diminuer son poids spécifique.

Les mouvements des molécules produites par cette quadruple rupture d'équilibre étaient attribués aux tourbillons, au chaos, à une harmonie préétablie ou à une action suprème, lorsque la cause physique des faits observés était inconnue.

Je trouvai que les molécules de la couche superficielle de la masse brûlante s'en séparent et se disposent de façon à produire des vésicules ayant une enveloppe très-mince et un volume plusieurs millions de fois supérieur à celui de la masse dense et pâteuse expulsée du corps central. A cause des déplacements continuels des molécules de cette masse, il y a une production continuelle de vésicules qui chassent les précédentes jus-

qu'aux distances où la température est suffisamment
basse pour leur faire geler leurs enveloppes et con-
vertir les vésicules en ballons, lesquels, réunis par millions, deviennent un globe volumineux, vide, sans poids
sensible, possédant le même mouvement orbiculaire que
celui de la masse pâteuse qui reste pour composer le
corps massif; tels sont tous les météores qui sont ici
nommés *pagosphères* ($\pi\acute{\alpha}\gamma o\varsigma$, glace).

I. Les pagosphères produites par les molécules de la
masse M restée dans l'intérieur du Soleil circulent avec
celui-ci autour de l'Héliongète, dans des orbites qui ne
dévient pas trop de celle du Soleil; elles sont nommées
héliopagosphères. Le plan de l'écliptique est incliné de
79 degrés sur celui de l'orbite solaire; il perce l'ensemble des plans des orbites des pagosphères en deux
nœuds. La Terre arrive vers le 9 août au nœud ascendant ☊ et vers le 12 novembre au nœud descendant ☋,
lorsque augmente le nombre des pagosphères visibles à
l'état d'étoiles filantes.

II. Les pagosphères produites par les molécules de la
masse ʍ restée dans chacune des huit planètes circulent
avec la planète autour du Soleil dans des plans qui dévient peu de celui de l'orbite de la planète; elles apparaissent comme des globules noirs passant sur le disque
du Soleil.

III. Les pagosphères produites par les molécules de
la masse *m* restée dans la Lune circulent avec celle-ci
autour de la Terre dans des orbites dont les plans dévient peu de celui de l'orbite de la Lune; elles apparaissent dans l'atmosphère comme des bolides.

Connaissant d'une part la structure et les positions
des pagosphères solaires, planétaires et lunaires, et de
l'autre les directions des rayons solaires ou stellaires, il
est facile de connaître toute la série des faits optiques
qui en résultent. Connaissant d'autre part la série des

faits qui résultent du frottement des pagosphères qui pénètrent dans l'atmosphère, il est facile de connaître toute la série des faits physiques produits par l'électricité développée à la surface des pagosphères. Enfin, connaissant la direction du mouvement orbiculaire du Soleil et celle de ses pagosphères, on obtient un contrôle : 1° de l'identité de l'origine du mouvement orbiculaire du Soleil et des héliopagosphères, et 2° de la position des pagosphères situées autour de l'orbite de Vénus et qui réfléchissent la lumière du Soleil pendant les équinoxes; cette lumière est nommée *zodiacale*.

A. MODE DE PRODUCTION DE LA LUMIÈRE ZODIACALE PAR LES PAGOSPHÈRES DE VÉNUS.

§ 141. Quelques semaines avant et après l'équinoxe du printemps, il apparaît souvent à l'ouest une pyramide lumineuse dont le sommet s'élève jusqu'à 57 ou 58 degrés de distance du Soleil. Pendant l'équinoxe d'automne, c'est à l'est, avant le lever du Soleil, qu'apparaît quelquefois une pareille pyramide lumineuse. Combinant les directions des rayons qui arrivent à la Terre de la pyramide lumineuse avec la direction de ceux qui, venant du Soleil, les rencontrent, D. Cassini constata l'existence, dans le plan de l'orbite de Vénus, de corps qui, recevant les rayons solaires, les réfléchissent vers la Terre; cet astronome a cru que des corps imperceptibles se détachent de l'équateur solaire.

En 1843, Arago trouva, le 9 mars, à 8 heures du soir, que le sommet de la pyramide lumineuse s'étendait jusqu'aux Pléiades; le 27 mars, il observa un déplacement à gauche de ces étoiles, c'est-à-dire du nord vers le sud, sans aller plus loin, en suivant l'hypothèse de Cassini pour découvrir que ce déplacement du sommet de la pyramide correspond à l'accroissement de la distance existant entre la Terre et le nœud ascendant. Ce manque d'attention peut être attribué aux observations de Humboldt, qui paraissaient être en désaccord avec l'hypothèse de Cassini et celle de Laplace. Dans les régions tropicales de l'Amérique du Sud, Humboldt observa des intermittences d'intensité brusques et rapides, des ondulations qui traversaient la pyramide lumineuse, faits qui ne permettent pas d'admettre comme corps réfléchissants une masse formant un anneau uni autour de l'orbite de Vénus.

En substituant à la nébuleuse imaginaire une multitude de pagosphères circulant avec la planète Vénus autour du Soleil, ayant des rayons différents $R \pm r$ allant jusqu'à une distance angulaire de 10 degrés au delà de son orbite de rayon R, on obtient le mode de production de toute la série des faits, sans excepter même la couleur rouge. Les pluies d'étoiles résultent de telles pagosphères, de même que la lumière zodiacale; les unes sont visibles par la lumière stellaire concentrée comme dans les lentilles ou les miroirs, et les autres réfléchissent la lumière solaire comme des miroirs mobiles. Il y a donc lumière zodiacale lorsqu'il y a des pagosphères pour réfléchir les rayons solaires; c'est par les réfractions que ces rayons éprouvent dans les pagosphères ovalaires que la couleur rouge est produite; les intermittences des pagosphères correspondent à celles de la lumière.

B. DES BOLIDES ET DE LA DIFFÉRENCE DE LEUR LUMIÈRE ÉLECTRIQUE AVEC CELLE DES PILES.

§ 142. Les bolides sont des pagosphères comme les étoiles filantes et les pluies d'étoiles, comme celles qui produisent la lumière zodiacale ou qui obscurcissent parfois le Soleil. Les bolides se présentent avec une série de faits électriques qui résultent du frottement de leur surface contre l'air, frottement qui a également lieu pour la surface des aérolithes. La lumière répandue par les bolides et les aérolithes est une lumière électrique, comparable non pas à celle des piles, mais à celle des machines, car celle-ci peut se propager comme la lumière des lampes, tandis que la lumière de l'arc voltaïque diminue rapidement pour devenir insensible à des distances même médiocres.

Ce fait paraissait inexplicable à ceux qui ignoraient que chaque atome de lumière est produit par des équivalents électriques qui proviennent des deux pôles; depuis cette découverte, il devint évident qu'à cause de la résistance exercée contre les équivalents électriques par l'air, et à cause de l'absence de cette résistance dans le pôle opposé, ces équivalents s'y écoulent et la lumière disparaît. Dans l'électricité des machines, les équivalents électriques doivent se répandre hors des conducteurs par la répulsion expansive et produire une lumière dont l'intensité se soutient et se propage au loin. A l'exception de cette lumière superficielle, il se produit dans les bolides des séries de faits électriques qui manquent aux aérolithes; ces séries de faits correspondent à la structure et aux éléments des pagosphères qui manquent aux aérolithes.

§ 143. **DU MODE DE PRODUCTION DES FAITS ÉLECTRIQUES DANS LES PAGOSPHÈRES PAR L'AIR.** J'admets que le lecteur connaît un certain nombre de faits par ses propres observations ou par la description qu'il en a lue, et je me borne à exposer le mode de production de ces faits suivant la loi physique, ce que chacun aurait fait si l'on savait que les météores observés sont des corps volumineux sans poids sensible, parce qu'ils ne sont que des amas de petits ballons ayant une enveloppe mince produite par la congélation des vésicules de vapeur. En coordonnant les séries des faits observés dans les bolides, chacun est conduit à reconnaître : 1° que les éléments matériels dont ils sont composés ne diffèrent pas de ceux de l'eau ; 2° qu'un gros volume et l'absence de pesanteur ne peuvent coexister qu'au moyen d'un espace vide au milieu ; 3° qu'un bruit dans l'atmosphère ne peut être produit que par la pénétration de l'air dans cet espace vide ; 4° que la fracture des enveloppes de glace des ballons est un effet des répulsions exercées par l'électricité développée dans la surface des amas de ballons ; 5° que la chaleur électrique transforme les enveloppes de glace en un nuage qui se manifeste dans l'espace où disparaît la pagosphère ; 6° que dans les aérolithes la lumière et la chaleur électrique sont également produites, mais que la température ne peut pas s'élever jusqu'au degré nécessaire pour les transformer en vapeur.

§ 144. La série des phénomènes observés dépend aussi bien de la distance D parcourue dans l'atmosphère que de la distance d entre la Terre et l'espace où les bolides observés disparaissent.

I. Si la pagosphère est d'un diamètre de plus de 1000 mètres, la destruction de sa surface par la vaporisation commence lorsqu'elle a parcouru une certaine distance D dans l'atmosphère. Il y a production de vapeur qui semble une traînée de nuée en forme de triangle isocèle ayant sa base dans le bolide. Les petits ballons détachés, portant dans leur enveloppe l'électricité, paraissent comme des étincelles qui s'éteignent en descendant vers la Terre. Il faut qu'ils se soient assez rapprochés de la Terre pour qu'on entende le bruit qu'ils produisent et qui est parfois une détonation. Enfin, si la pagosphère est très-volumineuse, elle peut atteindre même le sol et répandre l'odeur que produisent les fortes décharges d'électricité des machines.

II. Habituellement, les diamètres des pagosphères sont de plusieurs centaines de mètres ; elles se vaporisent après avoir acquis une quantité d'électricité par le frottement de l'air de la couche supérieure de l'atmosphère.

En pareils cas, le bolide disparaît sans qu'on puisse s'apercevoir si cette disparition est un effet de l'évaporation ou de l'éloignement. Il faut donc entendre le bruit ou voir la nuée pour être convaincu que la pagosphère a été transformée en vapeur qui s'est dispersée dans l'air comme celle des nuées.

§ 145. BOLIDES AÉROLITHOPHORES. Très-fréquemment les aérolithes sont accompagnés de grosses pagosphères qui produisent les mêmes phénomènes que les bolides isolés. Cette union de corps de structure très-différente (parce que les molécules des bolides ont été expulsées de la Terre à une époque très-reculée et très-éloignée de celle de l'expulsion des aérolithes), et divers faits de ce genre, servent de monument cosmologique des états dans lesquels se trouva la Terre il y a des millions de siècles, et dans lesquels se trouvent actuellement les planètes des autres systèmes. 1° La bande b de masse brûlante expulsée de la Terre a produit les pagosphères qui circulent avec la Lune autour de la Terre; 2° des millions d'années plus tard, au moment de la séparation de chaque couple de comètes, des milliers de violentes éruptions volcaniques se produisirent sur la Terre. Les masses minérales expulsées éprouvèrent un choc tangentiel du bord postérieur ou occidental des cratères, choc qui les empêcha de rebrousser chemin en obéissant à la pesanteur qui les arrêta à des distances de milliers de lieues.

Une quarantaine de couples de comètes se séparèrent de la Terre, et il se produisit autant d'expulsions de masses minérales de l'intérieur de milliers de volcans. Dans leur circulation autour de la Terre, ces masses et les *sélénopagosphères* (σελήνη, lune) se heurtent, et de la quantité de leurs mouvements orbiculaires résulte un mouvement diagonal qui provoque parfois la chute des deux corps vers la Terre. Comme il a été déjà dit, il arrive que la pagosphère se vaporise à une grande hauteur sans que ce fait soit remarqué ; en cas pareils, l'aérolithe tombe seul sur la Terre. Dans les cas seulement où la pagosphère est très-grosse, on observe les détails des bolides en même temps que la chute des aérolithes. Ce sont donc les pagosphères qui occasionnent les chutes des aérolithes, mais le contraire n'a pas lieu, parce qu'il y a des rencontres entre les pagosphères lunaires et celles qui circulent avec le Soleil autour de l'Hélioagète, et ce sont ces rencontres qui occasionnent la chute des pagosphères qui apparaissent comme de gros bolides sans être accompagnées d'aérolithes.

Pour me rendre compte du poids des aérolithes arrivés à la Terre, j'ai évité toute erreur en me bornant à un minimum : on peut bien admettre qu'il est trouvé par chaque siècle 1 kilogramme de masse d'aérolithe ; vu que les endroits pareils ne forment pas $\frac{1}{10000}$ de la surface totale de la Terre, où peuvent également tomber des aérolithes inaperçus, il faut admettre au moins 1000 kilogrammes par siècle. Ces chutes d'aérolithes ne peuvent pas être d'une durée infinie, parce que la Terre ne serait alors composée que de la matière des aérolithes. Dans la deuxième Partie de cet ouvrage, je discute en détail le mode de production des comètes et des expulsions des masses minérales de milliers de volcans très-violents qui sont l'origine des aérolithes. (*Phys.*, t. III.)

C. MODE DE PROJECTION DES PAGOSPHÈRES SUR LE DISQUE SOLAIRE.

§ 146. Les aérolithes et les bolides, étant des corps obscurs, devraient fréquemment éclipser le Soleil s'ils avaient le volume de la Lune ; mais leur diamètre est des milliers de fois moindre. C'est pour cette raison que, projetés sur le disque solaire, les pagosphères et les aérolithes sont imperceptibles, de même que les petits points noirs projetés sur une surface blanche. Dans les cas où les aérolithes et les bolides se trouvent à peu de distance de la Terre et en masses considérables, ils deviennent visibles sur le disque solaire. Par exemple, le 17 juin 1777, vers midi, Méssier vit un nombre prodigieux de globules noirs passer sur le Soleil pendant vingt minutes. Humboldt attribue à une telle interposition des pagosphères l'obscurcissement du Soleil qui eut lieu en 1547, vers l'époque de la bataille de Mühlberg et qui dura trois jours. Chladni et Schnurrer attribuèrent également aux passages des masses météoriques devant le disque du Soleil les phénomènes analogues des années 1090 et 1208, dont le premier dura pendant trois heures et le second pendant six heures.

De la quantité des aérolithes précipités sur la Terre, il résulte qu'il doit y en avoir une multitude qui circulent autour de la Terre à des distances considérables, qui les rendent invisibles à cause de leurs dimensions médiocres, de même que les pagosphères. Après avoir ainsi établi que les pagosphères sont des corps obscurs comme les aérolithes, il reste à indiquer comment elles deviennent visibles la nuit, car il est absurde de croire à l'existence de l'électricité dans le vide, comme l'a fait Poisson, alors que la nature de l'électricité était peu connue; de plus, il est absurde d'attribuer les étoiles filantes et les pluies d'étoiles aux aérolithes qui ne deviennent visibles que dans l'atmosphère au moyen de la lumière électrique, et qui restent invisibles la nuit, se trouvant en dehors de l'atmosphère. L'absence de poids sensible chez les bolides et les étoiles filantes est une preuve directe de la différence qui existe entre leur structure et celle des aérolithes.

D. DE L'ORIGINE DE LA LUMIÈRE ET DU MOUVEMENT DES ÉTOILES FILANTES
ET DES PLUIES D'ÉTOILES.

§ 147. LUMIÈRE DES ÉTOILES FILANTES. En indiquant le mode de production de la lumière et de la chaleur électrique, les physiciens crurent avoir expliqué tous les météores ; mais on acquit la certitude de la grande hauteur à laquelle se manifestent les étoiles filantes, lesquelles s'éloignent sans même se rapprocher de l'atmosphère. Ne sachant que faire, les astronomes laissent de côté l'explication des étoiles filantes, croyant qu'il faut encore un certain nombre de faits nouveaux dont on puisse déduire la cause physique de ce phénomène, à laquelle nous sommes arrivé par une autre voie inconnue jusqu'à présent.

En dehors de l'atmosphère toute trace d'électricité manque, et cependant les météores, sans être lumineux, sont imperceptibles le jour et apparaissent la nuit comme des étoiles de 1re grandeur, de même que les étoiles télescopiques, qui atteignent également la 1re grandeur lorsqu'elles sont observées dans des miroirs de télescopes à grand diamètre. Faisant la comparaison entre les effets de ces miroirs et ceux qui doivent être produits par les pagosphères de forme ovalaire, j'ai trouvé qu'il y a concentration de la lumière stellaire dans un point de son grand diamètre, d'où elle se propage comme d'un foyer et fait apparaître le point occupé par le corps pendant la courte durée du passage de l'axe de la pagosphère par les yeux de l'observateur ; on parvient ainsi à connaître également le sens du mouvement ; quant à la vitesse, elle est déterminée en même temps que la distance des pagosphères, laquelle s'élève à plusieurs centaines de lieues.

Pour diviser les pagosphères en bolides et étoiles filantes ou pluies d'étoiles, il ne reste que la distance entre elles et le sol : les pagosphères sont *bolides* dans les cas où elles traversent l'atmosphère pour être réduites en vapeur au moyen de la chaleur électrique; quant à la lumière qu'elles répandent, elle est mêlée d'une lumière électrique et d'une lumière stellaire, comme l'est celle des pagosphères qui n'arrivent pas jusqu'à l'atmosphère, et qui passent sans éprouver aucun changement dans leur état précédent; c'est en cela que consiste la différence entre l'apparition des *étoiles filantes* et des bolides.

§ 148. POSITION ET MOUVEMENT APPARENT DES ÉTOILES FILANTES. Tous les corps massifs célestes, soleils, planètes et satellites, sont produits par des bandes de masse brûlante, pâteuse et dense, expulsées de leur corps central. Les molécules détachées de la couche superficielle forment des masses de vapeur qui gèlent et se séparent en gros morceaux ne possédant pas un poids sensible. Ces amas de vapeur gelée, nommés *pagosphères,* accompagnent les corps périphériques dans leur révolution autour du corps central; de telles pagosphères, constatées dans la planète Vénus et autour de la Terre, se trouvent également dans le voisinage du Soleil, qu'elles accompagnent dans sa circulation autour de l'Hélioagète dans des orbites : $1°$ dont les plans sont peu éloignés de celui de l'orbite solaire, et $2°$ de rayon $R \pm r$ peu différent de celui R de l'orbite solaire. Celles des pagosphères qui ont le rayon $R - r$ sont les *intérieures,* indiquées par Π, et celles de rayon $R + r$ sont les *extérieures, π.*

La Terre, en circulant autour du Soleil dans un plan qui fait un angle de 79 degrés avec celui de l'orbite du Soleil, passe du 9 au 12 août par le voisinage des orbites des pagosphères extérieures π et se trouve en opposition par rapport à l'Hélioagète. Dans un espace de trois mois environ, la Terre parcourt 90 degrés de son orbite et arrive au nœud ☋ des pagosphères inférieures Π, où elle se trouve en conjonction. Elle emploie neuf mois environ pour parcourir le reste de son orbite et arriver au nœud ☊ ascendant, en passant fréquemment par des nœuds pareils, mais moins denses, dont résultent les apparitions sporades des étoiles filantes.

Il faut distinguer, 1° l'apparition des faits planétaires qui sont les deux dates du passage de la Terre par les nœuds ☊ et ☋, et 2° l'apparition des faits cosmiques qui sont les points apparents de l'émanation : 1° des étoiles filantes qui paraissent provenir de Persée, et 2° des pluies d'étoiles qui semblent provenir du Lion. Ces deux points de la voûte céleste sont éloignés l'un de l'autre d'environ 90 degrés, distance correspondante au temps de trois mois qui sépare les deux dates de l'apparition : 1° des étoiles filantes, lesquelles proviennent de Persée en quantité plus considérable, et 2° des pluies d'étoiles provenant du Lion.

Attendu que le Soleil n'avance par siècle que de 2 secondes environ dans son orbite, nous considérons comme immobiles dans la voûte céleste les points de projection des deux nœuds ☊ et ☋, par lesquels la Terre passe à deux dates qui dépendent de sa révolution autour du Soleil, laquelle est invariable. L'apparition des étoiles filantes répétée toutes les nuits fait reconnaître que la Terre ne cesse jamais de rencontrer des nœuds ☊ de pagosphères qui ne sont pas infinies, mais innombrables. C'est à cause de leur inclinaison sur l'orbite solaire de chaque grandeur que le nombre des étoiles filantes observées diffère pour chaque année, de même que diffèrent en certaines années les apparitions des pluies d'étoiles dans les passages de la Terre par le nœud descendant ☋, et de même encore que diffèrent pour chaque année les apparitions de la lumière zodiacale.

§ 149. L'apparition habituelle des pluies d'étoiles le 12 novembre nous apprend que les pagosphères inférieures ne forment pas un anneau fermé, mais qu'un grand nombre de ces pagosphères, des millions réunies ensemble, forment des espèces de nuages séparés par des intervalles inégaux. Dans les cas où la Terre passe par les nœuds ☋ pendant ces intervalles vides, il n'apparaît rien d'extraordinaire; les pluies d'étoiles se présentent seulement dans les années où il arrive que la Terre passe par ce nœud en même temps que les nuages des pagosphères passent à toutes les distances de la Terre. Les apparitions suivantes peuvent servir d'exemples de semblables nuages.

En 1799, le 12 novembre, surtout depuis 2 heures jusqu'à 4 heures du matin, on a vu dans l'hémisphère nord des milliards d'étoiles filantes sillonner le ciel. A Cumana, Humboldt et Bonplan virent à l'orient, sur une bande large de 60 degrés et montant environ jusqu'à 50 degrés, comme un brillant feu d'artifice tiré à une hauteur immense; de gros bolides, ayant parfois un diamètre apparent égal à une fois et une fois et quart celui de la Lune, puis des étoiles filantes en nombre infini, dont la direction était régulièrement celle du nord au sud, traversaient incessamment un ciel d'une grande pureté, où étaient tracées de nombreuses bandes lumineuses. Le même phénomène fut aperçu au Brésil, au Labrador, au Groënland, en Allemagne et à la Guyane française.

En 1832, le 12 novembre, M. Le Verrier a vu en Orient une pluie d'étoiles; elles se mouvaient généralement du nord-est au sud-ouest; la direction de leur mouvement formait avec l'horizon un angle d'environ 30 degrés.

En 1833, du 12 au 13 novembre, on aperçut en Amérique des pagosphères semblables à des fusées, provenant d'un point unique et se portant dans toutes les directions. Elles faisaient ordinairement explosion avant de disparaître et laissaient sur leur passage des traînées lumineuses rectilignes; plusieurs d'entre elles parurent comme Jupiter et Vénus; vers 6 heures, le point de radiation était vers γ du Lion et il y resta jusqu'à 7 heures, quoique la constellation fût déplacée de 15 degrés vers l'ouest. L'observateur de Boston assimilait les pagosphères, au moment du maximum, à la moitié du nombre des flocons qu'on aperçoit dans l'air pendant une averse ordinaire de neige.

De ces détails de faits observés, on doit conclure que plusieurs pagosphères solaires pénètrent et éclatent dans l'atmosphère; mais le plus grand nombre passent sans toucher l'atmosphère à des distances évaluées plus grandes que dix fois l'épaisseur de l'atmosphère, de sorte que l'espace où a lieu la rencontre entre l'air et les pagosphères étant 1, l'espace dans lequel cette rencontre n'a pas lieu est 1000.

L'ensemble des dates où se font les deux multiplications des étoiles filantes et de la constance des points de leur émanation dans la voûte céleste prouve que les pagosphères circulent avec le Soleil autour de son corps central, dans des orbites dont la déviation est *différente* de la sienne. Les bruits entendus et les lignes lumineuses, d'abord rectilignes, puis sinueuses comme un serpent, démontrent l'introduction des pagosphères dans l'atmosphère; le bruit est l'effet de l'introduction de l'air dans les espaces vides, et des milliers de petits ballons détachés et à surface électrisée produisent les bandes ou les traînées lumineuses qui deviennent sinueuses par le déplacement des petits ballons portés par l'air.

VIII. ORDRE CHRONOLOGIQUE DE LA MULTIPLICATION DES CORPS CÉLESTES PAR LA SUBDIVISION DE LA MASSE.

§ 150. Dans le principe, toute la masse des corps du système solaire était contenue dans leur corps central, l'*Hélioagète*, renfermée dans une enveloppe solide de glace transparente, comme l'est actuellement une semblable masse brûlante renfermée dans une enveloppe solide de glace dont sont composés le Soleil et tous les corps lumineux. C'est dans le mouvement orbiculaire des corps périphériques autour de leur corps central que je trouvai la preuve physique que la masse des corps périphériques a dû nécessairement s'être trouvée précédemment dans la masse du corps central, et c'est par une expulsion d'une petite portion de la masse centrale que tous les corps périphériques ont été produits et continuent à être produits.

Les molécules de la masse brûlante de la bande expulsée de l'Hélioagète se trouvèrent soumises à des ruptures d'équilibre telles, qu'elles durent se subdiviser en neuf bandes de longueur Δ, 2Δ, $2^2\Delta$, ..., $2^8\Delta$, se trouvant séparées du corps central par les doubles distances 2Δ, $2^2\Delta$, ..., $2^9\Delta$. De ces neuf bandes, la cinquième B^V a dû rebrousser chemin et se déposer sous la forme d'un gros anneau autour de l'équateur de l'Hélioagète, par suite d'absence de mouvement orbiculaire.

La masse des trois bandes inférieures B', B'', B''' a été subdivisée et a produit des systèmes planétaires; la masse de la quatrième bande B^{IV}, par sa subdivision, a produit des portions μ, m, M, M de masse brûlante de diverses grandeurs; les molécules des petites portions μ acquirent précédemment un équilibre stable; la masse brûlante se trouva renfermée dans une enveloppe solide de glace qui la sépara des amas de pagosphères. C'est ainsi que furent formés les soleils isolés des nébuleuses globulaires ou résolubles, composées d'amas de pagosphères; chacune de celles-ci apparaît comme un point lumineux, dont on voit des milliers de même grandeur colorés par la lumière qu'ils concentrent, laquelle ensuite se propage comme d'un foyer.

Les étoiles nouvelles sont des bandes de masse brûlante expulsées des soleils; les molécules de ces masses se trouvent en équilibre rompu qui leur fait acquérir un arrangement qui finit par produire un système planétaire, dont le soleil est invisible, étant recouvert d'amas de vapeur qui résultent des molécules de la masse m^v de la cinquième bande b^v qui avait rebroussé chemin. Grâce au télescope de lord Rosse, on peut voir tous ces détails dans les nébuleuses planétaires.

GALAXIE. Les quatre bandes extérieures $\mathbf{b}^{vi}$, $\mathbf{b}^{vii}$, $\mathbf{b}^{viii}$, $\mathbf{b}^{ix}$ ont été subdivisées en grosses portions dont les molécules sont encore en équilibre rompu; pour cette raison, les masses brûlantes se trouvent entourées de pagosphères, et à cause de la grande distance paraissent comme des nébuleuses irrésolubles. Elles circulent dans quatre espaces annulaires, et, projetées sur la voûte céleste, nous les voyons comme des espèces de nuées très-irrégulièrement dispersées dans un espace limité en largeurs variables.

Les portions de la bande $\mathbf{b}^{vi}$ les moins éloignées de l'Hélioagète et du Soleil sont moins grosses et plus nombreuses; cette différence se manifeste dans l'arc $\alpha = 120$ degrés, composé de nébuleuses de cette bande $\mathbf{b}^{vi}$ qui, vue obliquement, se sépare de l'anneau produit par les nébuleuses des trois bandes supérieures. Dans toute son étendue, l'arc α ne présente pas les interruptions, lesquelles sont fréquentes dans l'anneau principal.

APPARENCE DE L'HÉLIOAGÈTE PROJETÉ SUR LA GALAXIE. En partant des deux extrémités de l'arc α dans des directions divergentes, on trouve au milieu une région occupée par de vastes nébuleuses unies, sans qu'il apparaisse d'intervalles vides. Les bords forment un contour bien limité dans lequel il n'est pas difficile de distinguer la forme d'une ellipse dont le grand axe est environ quatre fois supérieur au petit. L'un des sommets de l'ellipse est au point où commence la poupe du Navire, et l'autre est dans le point où commence le Cocher. Entre ces deux sommets, dans un espace qui est environ $\frac{1}{12}$ de la Galaxie, et entre toute la largeur qui occupe la plus grande partie de la Licorne, on n'aperçoit que des étoiles très-petites. Au delà des limites de l'ellipse on ne trouve plus d'espace qui se fasse remarquer par une telle absence d'étoiles de 1re, 2e, 3e grandeur.

Cet espace elliptique est occupé par une seule nébuleuse, tandis que le reste de la Galaxie en contient un grand nombre; dans l'intérieur de la grande nébuleuse se trouve la masse brûlante de l'Hélioagète renfermée dans son enveloppe de diamètre $2r$, lequel tourne autour de son axe, se trouvant au milieu d'un gros anneau produit par plusieurs tours de la bande B^{v}; les molécules de cette bande étant en équilibre rompu continuent de produire des pagosphères, desquelles résulte la nébuleuse en forme de meule ayant pour diamètre $2R$ et pour épaisseur $R - r$. Si on admet que cette épaisseur soit soixante fois supérieure au rayon r de l'Hélioagète, le diamètre équatorial de l'Hélioagète paraîtra égal à celui du Soleil et de la Lune. Sans une telle épaisseur des amas de pagosphères, la clarté de l'espace occupé par l'Hélioagète serait plus considérable.

SYSTÈMES DES PAGOSPHÈRES. Dans le principe, chaque corps céleste, soleil, planète, satellite, était une portion de masse brûlante en forme de bande expulsée de la masse renfermée dans une enveloppe solide du corps central; de semblables bandes de masse brûlante se présentent comme des étoiles nouvelles. Leur disparition fait voir que les pagosphères sont produites par les molécules de cette même masse; tant que les vésicules sont transparentes, l'éclat des étoiles nouvelles se soutient, et la production de nouvelles vésicules ne s'interrompt pas; les vésicules précédentes cèdent leur place à celles qui suivent, et, devenues suffisamment éloignées, elles deviennent opaques et les enveloppes gèlent, de sorte que les vésicules se transforment en petits ballons dont des milliers réunis forment une pagosphère. Autour des grosses nébuleuses ces pagosphères paraissent comme des points lumineux; ensuite, lorsqu'elles se sont séparées des soleils de ces nébuleuses, elles conservent leur mouvement orbiculaire et continuent de circuler comme leur soleil autour de l'Hélioagète.

J'ai prouvé que les pagosphères qui accompagnent notre Soleil ont des orbites de rayon $R \pm \alpha$; celui de l'orbite solaire étant R, celui des pagosphères inférieures est $R - \alpha$, et celui des pagosphères supérieures $R + \alpha$. La Terre, circulant autour du Soleil dans une orbite inclinée de 79 degrés sur celle du Soleil, passe une fois par les orbites des pagosphères supérieures, et, après avoir parcouru 90 degrés environ de son orbite, elle passe en ce cas non-seulement par les orbites des pagosphères inférieures, mais aussi par celles de plusieurs pagosphères supérieures.

Telle est la cause de l'apparition des pagosphères supérieures provenant de Persée, lesquelles ne manquent jamais, tandis que les pagosphères inférieures, qui passent comme des nuages, apparaissent comme une pluie d'étoiles provenant du Lion. Ces pagosphères inférieures correspondent à celles qui accompagnent la Terre et qui parfois s'interposent entre celle-ci et le Soleil pour apparaître comme des globules noirs sur son disque, ou même pour l'obscurcir entièrement. Mille autres détails inaperçus jusqu'à présent se présentent spontanément sans avoir été cherchés, sans avoir eu même une notion antérieure de leur existence.

FIN.

TABLE DES MATIÈRES.

PARIS. — IMPRIMERIE DE GAUTHIER-VILLARS,
Rue de Seine-Saint-Germain, 10, près l'Institut.

OUVRAGES DU MÊME AUTEUR

Grand Atlas cosmobiographique, présentant la création et la production
des corps célestes et de la Terre; 12 planches in-folio coloriées, avec
texte; 1859 . . . . 26 fr.

Le Déluge et la Vie des plantes avant et après le Déluge; 1858 . . 6 fr.

Origine des sciences physiques et des sciences métaphysiques . . 6 fr.

Grand Atlas météorologique, représentant les faits météorologiques
dans l'atmosphère, les faits du magnétisme terrestre et les faits hydro-
statiques des courants maritimes; 1860. 12 planches in-folio coloriées
avec texte . . . . 26 fr.

Physique simplifiée par la découverte de l'origine du mouvement et de
l'affinité. 4 volumes; 1864.

Sous presse

Physique céleste. Cet ouvrage formera trois volumes qui seront publiés
par livraisons de dix feuilles. Prix des trois volumes.

La première livraison déjà imprimée, contenant l'Introduction, ne
diffère de cet Aperçu que par quelques titres.

IMPRIMERIE DE GAUTHIER-VILLARS, SUCCESSEUR DE MALLET-BACHELIER,
Paris, rue de Seine-Saint-Germain, 10, près l'Institut.